Four sec

法式曲奇 常溫蛋糕
狂熱烘焙師的美味靈感

10 家名店的差異銷售法

Demi sec

瑞昇文化

對烘焙師來說，燒菓子[※1]是提高營收所不可欠缺的商品。和生菓子[※2]相比，燒菓子的製作過程、材料比較簡單，比較容易掌握生產排程計畫，同時也能更有效的抑制成本。為了烘焙坊的永續經營，除了賣相絕佳的生菓子之外，那種會讓人偶爾想吃一口、看到後會情不自禁想買，或是會想買來贈送給某人的燒菓子，其實更為重要。可是，質樸印象的燒菓子卻很難抓住客人的心。

差別化的關鍵就在於其他店家所沒有的絕佳美味。在傳統點心上多花點巧思，製作出令人難忘的美味，或是先存放起來按兵不動，然後在絕佳時機陳列在店內，又或者是親自烘烤杏仁，在當天內使用完畢，誘發出杏仁的絕佳香氣——每家店都有各不相同的巧思，而烘焙師的智慧則持續在簡單卻深奧的燒菓子世界裡綻放光芒。

然後，和味道同樣重要的是銷售方法。反映出店家世界觀的獨特包裝、促銷招牌商品用的陳列技巧、禮盒的價格設定、考量到顧客動線的商品配置。銷售方法有許多出乎意料的訣竅存在。

本書收錄的乾烤&半乾烤法式小點源自於 10 家擁有許多粉絲的人氣名店，同時也收錄了這些法式小點的製作與銷售方法。熟悉的味道中潛藏著其他店家所沒有的獨特味道，然後將那些獨創化成具體的形狀深入客人心底。如何讓燒菓子更為暢銷的靈感似乎就在這裡。

※1　需要經過烤焙，成品可置於常溫下保存而不容易走味的點心。
※2　水分含量在 20%以上，必須放置在冷藏室保存的點心。

8		Gipfel　高峰
11		Corné　角笛
14		Palet Or　帕雷歐
18		Sablé au Citron　檸檬酥餅
22		Galette au Rhum　蘭姆烘餅
25		Galette au Poivre　椒香酥餅
28		Four Pocher　擠花曲奇
30		Monaco　摩納哥
32		Caramello Salato　鹽味焦糖
35		Cantucci con Libes　康李貝斯杏仁厚餅
38	40	Spéculos　比利時餅乾
39	41	Viennois　維也納酥餅
42	44	Biscuit Champagne　香檳法式海綿蛋糕
43	45	Diamante al Caffè　咖啡鑽石餅（咖啡口味的鑽石餅）
46	48	Coco Bâton　椰子棒
47	49	Rosa　玫瑰
50	52	Croquant Gascogne　加斯科涅脆餅
51	53	Caramel Macadamian　焦糖夏威夷
54	56	Macaron d'Amiens　亞眠馬卡龍
55	57	Macaron Nancy　南錫馬卡龍
58	60	Bâton aux Anchois　鯷魚餅乾棒
59	61	Edam　埃丹
62	64	Sablé à la Mangue et Framboise　芒果覆盆子酥餅
63	65	Sablé au Kinako　啊！黃豆粉
63	65	Feuillantine　法式薄脆餅

法式曲奇 Four sec

10 家店的燒菓子製作與銷售方法

68	Lilien Berg	リリエンベルグ／横溝春雄
70	La Vieille France	ラ ヴィエイユ フランス／木村成克
72	Maison de Petit four	メゾン ド プティ フール／西野之朗
74	L'atelier MOTOZO	ラトリエ モトゾー／藤田統三
76	W. Boléro	ドゥブルベ ボレロ／渡邊雄二
140	L'automne	ロートンヌ／神田広達
142	Blondir	ブロンディール／藤原和彦
144	Pâtisserie Rechercher	パティスリー ルシェルシェ／村田義武
146	Ryoura	リョウラ／菅又亮輔
148	Éclat des jours pâtisserie	エクラデジュール パティスリー／中山洋平

82		Financier à la Framboise　覆盆子費南雪
85		Dacquoise à la Framboise　覆盆子達克瓦茲
88		Visitandine　修女小蛋糕
91		Fromage cuillère　乳酪手指餅乾
94		Amandine　杏仁塔
97		Nonnette　諾內特小蛋糕
100		Cake aux Fruits　水果磅蛋糕
103		Burgtheater Linzer Torte　城堡劇院麗緻塔
106		Terrine d'Automne　秋季陶罐
109		Bourjassotte　布加索特
112	114	Régal Savoie　華麗薩瓦
113	115	Bobes　波貝司
116	118	Dacquoise　達克瓦茲
117	119	Engadiner Torte　恩加丁核桃派
120	122	Florentine　法式焦糖杏仁脆餅
121	123	Petit Citron　迷你檸檬奶油
124	126	Goûter Coco　椰香小餅
125	127	Amor Polenta　AMOR 玉米糕（玉米粉製成的蛋糕）
128	130	Madeleine au Sakura　小豬瑪德蓮 櫻
129	130	Petite Madeleine　迷你瑪德蓮
129	131	Pain de Gênes　熱內亞麵包
132	134	Gâteau Basque　巴斯克蛋糕
133	135	Basquaise Ômi framboise　巴斯克・近江木莓
136	138	Cunput　庫帕特
137	139	Cake au Chocolat et Fruit noir　無果巧克力蛋糕

常溫蛋糕 Demi sec

10 家店的制式菓子

78	Madeleine　瑪德蓮
79	Financier　費南雪
80	Florentine　法式焦糖杏仁脆餅

66	10 家店的禮品包材
150	10 家店的拼裝禮盒

使用本書前

・1 大匙是 15cc，1 小匙是 5cc。

・容易製作的份量即為店家的下料量。

・奶油採用軟化成常溫的無鹽奶油。

・低筋麵粉或杏仁粉應預先過篩。

・牛乳、鮮奶油等乳製品及雞蛋，應恢復至常溫。

・加工成洋酒漬、糖漿漬、糖漬水果等的水果乾或水果，要瀝乾
　水分後再測量。

・若無特別記載時，堅果一律使用烘烤過的種類。

・初階糖是指甜菜根製成的粗糖。

・不含乳脂肪的巧克力（調溫巧克力）記載為黑巧克力。含乳脂
　肪的是牛奶巧克力，不含可可塊的則是白巧克力。

・部分材料會在（）內載明品牌名稱。「」內記載的項目是品牌
　名稱，後面則是製造商名稱。

・模型大小為模型內尺寸。

・模型須依情況需要，預先塗抹上奶油等材料。

・須依烤箱的機種、廚房的環境、材料的狀態，適當調整烘烤時
　間和溫度。

・若無特別記載時，烤箱使用平窯。

・烤箱須預熱至烘烤溫度。

・甜點名稱等的標記依店家的命名為準。

・本書刊載的資訊皆為採訪當時的資訊，會有變更的可能性。

・**價格皆為未稅價格。**

・本書收錄了本公司發行的 MOOK「café-sweets vol.72
　（2015 年 10～11月號）」的部分內容。

Gipfel

維也納的傳統法式曲奇。酥脆的口感源自於堅果粉，以及不使用液
體類材料。堅果粉以杏仁和榛果 5：1 的比例混合製成，外表看似溫
和，味道卻十分濃郁。

○ 材料（100 片）

榛果*1…30g

純糖粉…116g＋適量

鹽（「雪鹽」PARADISE PLAN）*2…0.75g

杏仁粉（帶皮）…150g

香草糖*3…適量

發酵奶油…150g

奶油…150g

低筋麵粉（「Super Violet」日清製粉）…300g

＊1：使用當天用烤箱稍微烘烤，先去除掉變黑的榛果，再進行測量。

＊2：沖繩縣宮古島產的粉狀海鹽。

＊3：使用製作卡士達醬時的香草莢（波本種）。水洗曬乾後的香草莢 10g 和精白砂糖 100g 混合磨碎製成。

1

把榛果和純糖粉（116g）混合在一起，用食物調理機攪拌成粉末狀。

2

把杏仁粉和香草糖混合在鹽（照片）裡面。

3

把發酵奶油和奶油放進鋼盆，加入步驟 1 的材料，用攪拌刮刀稍微攪拌。

4

混入步驟 2 的材料。

5

把低筋麵粉倒進步驟 4 的鋼盆裡。照片是混合完成的樣子。

6

用保鮮膜把整坨麵團包起來，用擀麵棍擀平，放進冷藏庫靜置一晚。

7

把步驟 6 的麵團放進攪拌盆，用低速的拌打器稍微攪拌。呈現容易揉捏的硬度之後，分成 5 等分（每等分 170g）。

8

分別搓成長度約 40cm 的棒狀，切掉邊緣，再分切成寬度 2cm 的麵團。

9

用雙手夾住步驟 8 的麵團，用手搓揉成長度 6.5cm，兩端略細的棒狀。

10

一邊調整成月牙形狀，一邊擺放在烤盤上。

11

用灑水器噴水（份量外），用 170℃的烤箱烘烤 24 分鐘左右。照片是出爐的樣子。放涼後，用濾茶網篩撒純糖粉（適量）。

POINT

榛果容易酸敗，所以不使用粉末製品。生的狀態下很難區分出是否酸敗，不過只要烘烤至乾燥程度，酸敗的榛果就會呈現黑色，所以請先去除黑色榛果後再磨碎。

POINT

雖然只有使用少量鹽巴，但因為麵團沒有加水，所以容易有難以溶解的問題。因此使用粉末狀的「雪鹽」。在使用這個產品之前，都是使用擂缽磨成粉末狀的鹽巴。

Corné

法語代表「角笛」之意的傳統甜點。把烤成直徑約 3cm 的蘭朵夏麵團捲成圓錐狀，再塞滿堅果奶油。奶油添加了可可含量較高的巧克力，濃郁香醇，和輕薄麵團的酥脆口感形成魅力十足的強烈對比。

O 材料（約 700 個）

奶油（膏狀）…375g

純糖粉（過篩）…410g

杏仁糖粉*1…240g

冷凍蛋白*2…500g

低筋麵粉（「Enchanté」日本製粉）…375g

堅果奶油*3…適量

杏仁片*4…適量

＊1：用相同比例，把去皮的杏仁粉和純糖粉加以混合。過篩備用。

＊2：預先恢復至常溫。

＊3：瑞士巧克力（「Caraibe」VALRHON／可可含量 66％，80g）調溫後，混入常溫的堅果糖（市售品，1kg）。

＊4：用 180℃的烤箱烘烤 20 分鐘，再用手敲成細碎。

1

把奶油放進鋼盆，用打蛋器攪拌，加入過篩的純糖粉，搓磨攪拌，避免空氣混入。

2

混入杏仁糖粉。

3

冷凍蛋白分 3 次加入，混合攪拌。

4

加入過篩的低筋麵粉，快速攪拌，避免打入空氣。

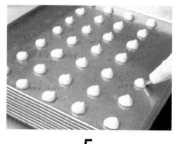

5

把步驟 **4** 的麵團放入裝有圓形花嘴（口徑 8mm）的擠花袋，在塗有沙拉油（份量外）的烤盤上分別擠出 2.7～3g 的麵團。

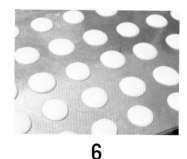

6

用烤盤敲打作業台，使步驟 **5** 的麵團呈現直徑 3cm 左右的圓形。

7

用 180℃的烤箱烘烤 15 分鐘左右。

8

趁熱用抹刀把烤好的餅皮從烤盤上取下，讓底部朝向內側，放進口徑 28mm 的角笛模具裡面，製作成圓錐形。

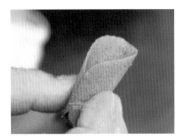

9

一邊用指尖輕壓接合處，脫模。在常溫下放置至冷卻。

10

把堅果奶油放入裝有圓形花嘴（口徑 7mm）的擠花袋，將其擠進步驟 9 的角笛餅裡面。

11

讓堅果奶油上面沾滿掐碎的杏仁片。

POINT

製作麵團的時候，要用打蛋器搓磨攪拌材料，盡量避免混入空氣。氣泡如果太多，麵團會在烘烤時膨脹，就無法製作出平坦的餅皮。只要使用容易和其他材料混合的純糖粉，就可減少攪拌次數，不容易混入空氣。

POINT

餅皮冷卻後會變硬，所以出爐後要馬上趁餅皮溫熱的時候塑形。Maison de Petit four 都是以兩人一組的方式快速完成作業。

Palet Or

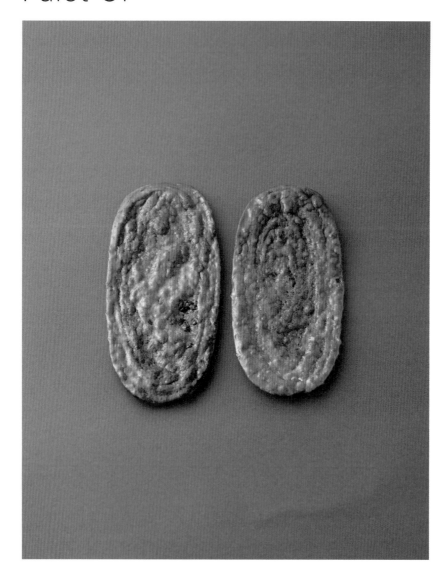

把肉桂、核桃、杏仁捲在其中的派餅。把二次麵團重疊捲在千層派皮的一次
麵團裡，使表面焦化，製作出酥脆的口感。對木村先生來說，這是個充滿回
憶的甜點，總是會讓他憶起孩提時期和身為糕點師傅的父親一起品嚐的「仙
貝」。

○ 材料（約60片）

【千層派皮】

A

　高筋麵粉（「特赤南天」日東富士製粉）…344g

　低筋麵粉（「Organ」日東富士製粉）…125g

　冷水*1…200g

　醋*2…1.9g

　鹽*3…1.9g

發酵奶油A（融化備用）…94g

發酵奶油B（折疊用）*4…225g

千層派皮的二次麵團*5…250g

肉桂糖*6…88g

核桃*7…40g

杏仁（帶皮、顆粒、西班牙產 Marcona 品種）*8…30g

精白砂糖…適量

純糖粉…適量

＊1～3：預先混合備用。

＊4：預先製成 25cm 的正方形，冷卻至 8℃左右。

＊5：製作其他甜點所剩餘的麵團。

＊6：以 10：1 的比例混合精白砂糖和肉桂粉。肉桂粉使用「斯里蘭卡產肉桂粉」（Le Jardin des Epices）。

＊7：稍微烘烤，切碎成 5mm 的碎粒。

＊8：切碎成 5mm 的碎粒，和＊7 的杏仁碎粒混合備用。

千層派皮

1

把 A 材料放進攪拌盆，用低速的拌打器攪拌。混入發酵奶油A，呈現鬆散狀態後，移放到調理台，揉成一團。切出十字形切口，裝進塑膠袋，放在冷藏庫冷藏一晚。

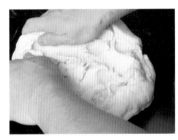

2

從切口處按壓，把麵團攤開，將形狀調整成正方形。

3

正方形調整完成的樣子。

4

用壓片機擀壓，製作出 40cm 的正方形。把發酵奶油錯開 45 度重疊在上方，把麵團的 4 個角折向中央。

5

用手指按壓封起接合處。

6

翻面，用擀麵棍敲打，讓麵團和奶油緊密貼合。

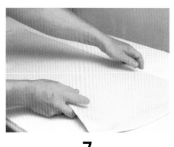

7

用壓片機擀壓成厚度約 8.5mm 的長方形。

8

麵團水平放置，從左右兩側折入，折成三折。

9

旋轉麵團，讓折痕位在前後位置。

10

重覆與步驟 7～8 相同的動作，製作成三折。裝進塑膠袋，放在冷藏庫冷藏一晚。

11

進一步重覆步驟 7～9，重覆 4 次（三折 6 次）。

最後加工

1

旋轉麵團，讓折痕位在前後位置，縱切成對半，直接以麵團的方向放進壓片機，擀壓成長方形。

2

麵團水平放置，將擀壓成相同厚度、大小的二次麵團重疊，從左右兩側折入，折成三折。讓折痕位在前後位置，用壓片機擀壓成 38cm×85cm、厚度 3mm 的大小。水平放置，用擀麵棍擀壓成均一厚度。

3

在前方 2/3 的部分撒上肉桂糖。

4

在肉桂糖上面撒上核桃和杏仁碎粒，用擀麵棍滾壓，讓碎粒與麵團緊密貼合。

5

從前方開始，以慢慢往前拉的感覺，把麵團緊密捲起來。照片是剛開始捲的情況。

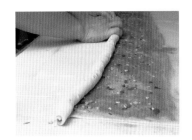

6

捲到一半。

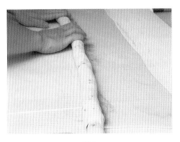

7

捲到 2/3 的情況。

8

把長度切成對半，用烘焙紙包起來，放進冷凍庫一段時間。

9

在使用的 1 小時之前，改放到冷藏庫，進行半解凍。切割成 23～24g。

10

剖面呈上下放置，在兩面塗抹上精白砂糖。用擀麵棍擀壓成長邊 17cm×短邊 8cm、厚度 2mm 的橢圓形。

POINT

為了製作出酥碎口感，所以把二次麵團重疊捲在千層派皮的一次麵團裡面。容易在烘烤時膨脹的千層派皮，加入二次麵團後，就能讓麵團更加穩定，因此，也可以製作出平坦且厚度均一的美麗外觀。

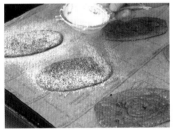

11

排放在鋪有烘焙紙的烤盤上，用 170℃的熱對流烤箱烘烤 20 分鐘左右。在上面撒滿純糖粉，用 230℃的熱對流烤箱烘烤 1 分鐘，讓糖粉焦化。

POINT

兩端如果太細，可能會造成焦黑，所以要擀壓成略粗的橢圓形。首先，先擀壓成長方形，然後再調整成有著和緩曲線的橢圓形。

12

馬上從烤箱裡取出，連同烘焙紙一起放到鐵網上冷卻。

POINT

撒上糖粉後容易焦黑，所以在最後 1 分鐘的烘烤期間，要緊盯著烤箱裡的狀態。

Sablé au Citron

用烘烤得香酥的酥餅，夾上帶有檸檬香氣的覆面糖衣檸檬酥餅。由於覆面糖衣使用大量的檸檬汁和檸檬皮，因此可以品嚐到強烈的檸檬鮮味。或是搭配略硬的夾心，做出酥脆的口感。

○ 材料

【材料】（200 片）

奶油…450g

香草豆莢…1 支半

檸檬皮（磨碎）…3 顆的份量

糖粉…375g

全蛋…180g

檸檬汁…90g

A*

　中高筋麵粉（「LA TRADITION
　　FRANÇAISE」MINOTERIES
　　VIRON）…862g

　泡打粉…9g

【酥餅麵團】（容易製作的份量）

糖粉…1350g

檸檬汁…150g

檸檬皮（磨碎）…4 個

水…50g

＊：混合過篩備用。

酥餅麵團

1

把奶油、從豆莢中取出的香草豆莢、檸檬皮放進攪拌盆。

2

用低速的拌打器攪散奶油，直到沒有結塊的狀態。

3

倒進糖粉，用低速攪拌至沒有結塊的狀態。

4

倒進一半份量的全蛋蛋液，用低速攪拌。

5

在中途暫時關閉攪拌機。攪拌盆的底部容易殘留奶油的硬塊，所以要用攪拌刮刀把奶油從底部翻過來。

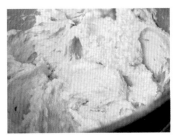

6

再次用低速攪拌，攪拌至如照片般的狀態後，關閉攪拌機。

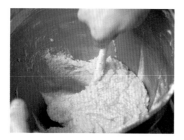

7

倒進剩下的全蛋蛋液，用低速粗略攪拌，和步驟 5 一樣，用攪拌刮刀攪拌。

8

倒進檸檬汁，用低速攪拌。在這個階段之前，維持奶油和液體分離的狀態即可。

9

把 A 材料全部倒入，用低速混合攪拌。

10

粉末感完全消失後，只要麵團呈現均勻狀態，就可以停止攪拌。

11

用切麵刀撈取，移到鋪有塑膠膜的調理台。

12

用塑膠袋包起來，調整成厚度可以穿過壓片機的正方形。在冷藏庫靜置一晚。

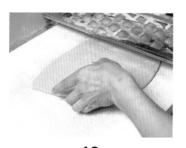

13

從塑膠袋內取出，切成對半，用壓片機擀壓成 3mm。擀壓的時候，要在麵團每次穿過機器後，把表裡、前後翻面，使整體均勻擀壓。

14

用滾輪滾壓，再用刷子掃掉多餘的粉末。

15

在冷藏庫放置 30 分鐘，冷藏變硬後，取出。用直徑 44mm 的圓形壓模壓出圓形。

16

排放在鋪有矽膠墊的烤盤上面，在打開 150℃的熱對流烤箱的擋板的狀態下，烘烤 14 分鐘。烘烤期間要一邊觀察烤色，一邊調整。

1
把所有材料混合，用打蛋器搓揉攪拌。

2
因為材料容易乾燥，所以完成後要在表面緊密覆蓋保鮮膜。雖然可冷藏保存 1 星期，但因為香氣容易散盡，所以要盡可能地盡早使用完畢。

1
把覆面糖衣裝進前端剪有小孔的擠花袋，在每片酥餅擠上 7g 的覆面糖衣。

2
就這樣靜置 1 分鐘，使覆面糖衣的表面乾燥。如果在乾燥之前夾上酥餅，會因為覆面糖衣太軟而導致酥餅滑動。

3
放上 1 片酥餅，輕輕按壓，讓覆面糖衣擴展到酥餅邊緣。

POINT

在倒進液體（蛋黃和檸檬汁）之前，酥餅麵團的奶油要預先攪拌成均勻。倒進液體後，就無法調整奶油狀態。如果奶油有結塊或顆粒殘留，麵團就會不均勻，要多加注意。

POINT

麵團靜置的時候，之所以用塑膠袋包起來，把形狀調整成正方形，是為了節省隔日取出麵團後搓揉、擀壓的時間。因為隔天不再進行搓揉，所以靜置之前，要讓所有材料充分混合。如果沒有在這個時候確實混合，用壓片機擀壓時，麵團就容易破裂。

POINT

這個酥餅麵團使用較多的液體，所以會有黏膩感，但只要放進冷凍庫冷凍，就可以讓作業更加容易。這種搭配較多水分的麵團，烘烤後會變得酥脆。另外，因為使用泡打粉，讓麵團可以擀壓得更薄，所以會形成朝縱向膨脹的薄層，烘烤出脆皮。

POINT

奶油加入雞蛋和檸檬汁後會分離，但如果硬是要讓材料乳化，攪拌過度的話，烘烤之後就會變硬。雖然會分離，但只要等到整體呈現均勻混合的狀態，再加入粉末類材料就可以了。

POINT

二次麵團可以在下次入料時撕碎混入。在粉末感開始消失，麵團即將完成的時刻，便是混合的最佳時機。

Galette au Rhum

充滿蘭姆酒和檸檬香氣，口感輕盈酥鬆的酥餅。成型後噴上蘭姆酒，撒上糖粉之後，再進行烘烤，讓表面的糖粉再次結晶化，製作出略帶光澤的紋理。

○ 材料（約 270 個）

A*1

低筋麵粉（「Izanami」近畿製粉）…315g

中高筋麵粉（「LA TRADITION
FRANÇAISE」MINOTERIES
VIRON）…135g

杏仁粉（帶皮，西西里島產
Palma Girgenti 品種）…450g

純糖粉…225g

發酵奶油*2…450g

蛋黃…71.5g

白松露海鹽（細粒）…1.25g

香草糖…5g

檸檬皮*3…1/2 個

蘭姆酒*4…12.5g

＊1：混合過篩，放進冷藏庫冷藏備用。
＊2：冷卻備用。
＊3、4：檸檬皮削成細屑，和蘭姆酒混合。

1

把 A 材料和發酵奶油放進食物攪拌器，攪拌至呈現柔細的鬆散狀為止。

2

把蛋黃、白松露海鹽、香草糖放進鋼盆，用打蛋器搓磨攪拌。

3

把步驟 1 的材料放進另一個鋼盆，在中心放進混合好的檸檬皮和蘭姆酒，以及步驟 2 的材料。以用手搓揉的方式混合。混合至某程度後，移至作業台。

4

以宛如用雙手按壓作業台的方式攤平麵團，然後把麵團整成一團。

5

重複步驟 4 的作業數次。以直接彙整成團的感覺進行，避免搓揉過度。

6

移到調理盤，把保鮮膜緊密覆蓋在表面，為了讓下個步驟更容易作業，放進冷藏庫冷藏至適當的硬度。

7

把步驟 6 的麵團分成 7 等分，分別用手滾動成直徑 3cm×長度 37cm 的棒狀。切掉兩端後，呈水平方向排放。

8

用切刀分切成寬度約 9mm 左右的片狀。

9

讓剖面朝向上下，排放在鋪有保鮮膜的烤盤上面，用噴水器在表面噴上蘭姆酒（份量外）。

10

用濾茶網在表面篩撒上糖粉（份量外）。重複篩撒 2～3 次，直到表面呈現隱約的白色，然後排列在鐵製的烤盤上。

11

放進預熱至 190～195℃ 的熱對流烤箱，馬上把溫度調降至 155℃，烘烤 7 分鐘。

12

之後，把烤盤的前後方向對調，約烘烤 5 分鐘。只要上面和底部的烤色如照片所示，便是最理想的狀態。

POINT

加上蘭姆酒和糖粉後再烘烤，表面就會有一層白色包覆，便可烘烤出如覆面糖衣般的光澤。糖粉不多不少，僅止於表面隱約變白的程度即可。

POINT

渡邊先生說：「比起櫃式烤爐，熱對流烤箱更能直接烘烤出爐」。鐵製的烤盤會吸收烤箱內的熱，並從麵團的底部傳達熱度，就好比是『底火』般的作用。因為烤盤會吸熱，所以要先預熱至較高溫渡。

椒香酥餅／Pâtisserie Rechercher（パティスリールシェルシェ）　村田義武

Galette au Poivre

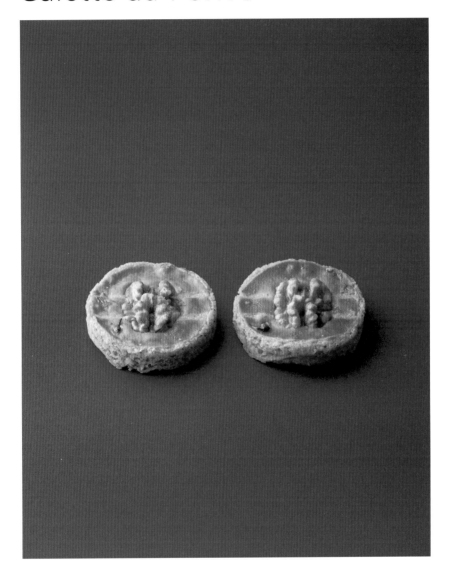

「山椒般的爽快感，但味道卻十分溫和」，運用村田先生偏愛的
馬達加斯加產黑胡椒，同時混入核桃的布列塔尼酥餅（Galettes
Bretonnes）。加入砂糖後，再使用香草糖，製作出更具層次的
甜味。

○ 材料（30 個～40 個）

【麵團】

奶油*1…250g

鹽…1.5g

香草糖*2…4g

精白砂糖…150g

蛋黃…2 個

黑胡椒（馬達加斯加產）…3g

A*3

　低筋麵粉（「Super Violet」日清製粉）…200g

　中高筋麵粉（「TERROIR PUR」日清製粉）

　　…50g

　泡打粉…2.5g

核桃*4…75g

【最後加工】

蛋液…適量

核桃…30～40 粒

黑胡椒（馬達加斯加產）…30～40 粒

＊1：在常溫下放置 5～10 分鐘，軟化至用手指按壓後大約會凹陷 5mm 左右的程度，切成小塊。

＊2：用 100℃的熱對流烤箱讓使用完畢的香草豆莢乾燥 5 分鐘，連同豆莢一起用食物攪拌器攪碎。過篩後，以精白砂糖 5 比 1 的比例混合。

＊3：混合過篩備用。

＊4：用手分成 1/4 左右。

麵團

1

把奶油、鹽巴、香草糖放進攪拌盆，用低速的拌打器混合。中途改成高速，把沾黏在拌打器上面的奶油刮下，再次改用低速攪拌。

2

整體呈現均勻狀態後，分 2 次加入精白砂糖，每次加入就用低速攪拌。接著，蛋黃也要分 2 次加入，每次加入用低速攪拌。

3

黑胡椒用研磨攪拌機攪拌成粉末狀，倒進步驟 2 的材料裡面，用低速稍微混合攪拌，直到粉末遍佈整體。

4

把 A 材料分 2 次倒進步驟 3 的材料裡面，每次加入就用低速攪拌，直到粉末感消失為止。每次加入 A 材料時，就用攪拌刮刀把沾黏在拌打器上面的麵團刮下。

5

把核桃倒進步驟 4 的材料裡面，用攪拌刮刀粗略的混合攪拌。

6

把麵團集中成團，用保鮮膜包起來，用手快速把形狀調整成平坦的方形，放進冷藏庫冷藏一晚。

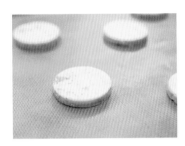

1

把麵團放進壓片機，擀壓成厚度 8mm。用直徑 6cm 的圓筒模壓成圓形，排放在鋪有矽膠墊的烤盤上面。

2

薄塗蛋液，放進冷藏庫，蛋液乾掉之後，再次塗抹。第 2 次的厚度要比第 1 次略厚一些（照片是塗好第 2 次的樣子）。

3

使用竹籤沒有尖刺的那一端刻劃出花紋。

4

放上 1 顆核桃輕壓，黑胡椒也採取相同的做法。

5

嵌上內側抹有奶油（份量外）的圓形圈模（直徑 6.5cm）。

6

用 140℃的熱對流烤箱烘烤 1 小時。出爐後，趁熱拿掉圓形圈模。

POINT

材料中使用了大量的奶油，如果預先軟化成膏狀，奶油就會在烘烤期間流出，使麵團鼓起。只要在開始混合的階段，把奶油軟化至手指按壓會稍微凹陷的硬度，奶油就會被封閉在麵團裡面，出爐後的香氣也會更佳。

Four Pocher

去皮杏仁加入精白砂糖、蛋白和杏仁奶一起研磨，擠花後烘烤而成的法式曲奇。因為沒有添加麵粉，所以可直接感受到杏仁的風味和口感。一口咬下酥脆的曲奇，堅果的濃郁和香氣隨之擴散，豐富的餘韻齒頰留香。

○ 材料（約 50 個）

杏仁（去皮、顆粒、西班牙產瓦倫西
　亞品種）…100g

精白砂糖…100g

蛋白…30g

水飴*1…15g

杏仁奶（「冷凍杏仁奶」
　La Fruitiere）*2…15g

乾櫻桃（紅）…約 25 顆

杏仁（去皮、顆粒、
　西班牙產瓦倫西亞品種）…約 25 粒

＊1、2：混合後稍微加熱。

1

把淹過杏仁的水量煮沸，倒進杏仁（100g）。用小火烹煮 5 分鐘左右，把杏仁煮軟（因為要製作柔滑的膏狀）。用濾網撈起，把水瀝乾。

2

把步驟 1 的杏仁和精白砂糖放進食物調理機，持續攪拌直到變成粉末狀，均勻混合為止。

3

加入一半份量的蛋白，混合均勻後，加入稍微加熱的水飴和杏仁奶，持續混合至呈現均勻的膏狀為止。

4

倒進剩下的蛋白，持續攪拌直到呈現柔滑的膏狀。

POINT

蛋白分 2 次加入，並且用之後加入的蛋白量調整硬度。加入蛋白後，在攪拌途中用攪拌刮刀把沾黏在食物調理機的內壁或刀刃上的材料刮下，攪拌成均勻狀態。

5

放進裝有星形花嘴（12 齒、12 號）的擠花袋，擠在鋪有烤盤墊的烤盤上面，筆直的往上方拉，擠出直徑約 3cm、高度約 1.5cm 的花形。

POINT

如果不把材料確實烘乾，乾櫻桃的水分就不會揮發，餅乾就會因為吸收水分而變爛。

6

一半放上切成對半的乾櫻桃，剩下的一半則把整顆杏仁放在中央輕壓。用 190℃的烤箱烘烤 18 分鐘左右。

Monaco

結合日式餅皮（最中）的法式焦糖杏仁脆餅。在餅皮中央放入杏仁和
芝麻，倒入焦糖，然後再用烤箱烘烤出爐。薄餅皮有著輕盈口感，和
香氣十足的焦糖十分對味。深受小孩乃至年長者等廣泛族群的喜愛。

○ 材料（90 個）

杏仁片*1…450g

日式餅皮（直徑 7cm）…90 枚

炒芝麻*2…適量

A

| 精白砂糖…210g
| 蜂蜜…60g
| 發酵奶油…210g
| 鮮奶油…110g
| 牛乳…20g
| 水飴…50g

*1：用 160℃烘烤 10～12 分鐘。
*2：把同等份量的白芝麻和黑芝麻混合備用。

1

用手把杏仁搓成細碎。

2

把杏仁放進日式餅皮裡面。

3

加入一撮芝麻。

4

把 A 材料放進鍋裡，用略強的中火烹煮，如照片般咕嘟咕嘟沸騰後，馬上倒進填餡器裡面。

5

在步驟 2 的日式餅皮裡面，倒進 5g 步驟 4 的材料。

6

用上火、下火同樣都是 160℃的烤箱烘烤 24 分鐘。直接在烤盤上放涼。

POINT

倒進日式餅皮裡面的液體份量以少量尤佳。如果放入太多，會在烘烤過程中沸騰溢出。

甜點的命名來自於與日式餅皮－最中（Monaka）發音相近的摩納哥（Monaco）。店家也有裝箱販售，紙箱的設計採用讓人聯想到摩納哥大獎賽（Monaco Grand Prix）的方程式賽車圖樣，封蓋的貼紙是旗幟主題。愛車的神田先生充滿玩心的包裝。

情人節時期則會使用心形的日式餅皮。

Caramello Salato

在核桃外面包裹上酥脆鹽味焦糖糖衣的堅果甜點。使用原本沒有呈現結晶
化狀態的焦糖，同時製作出唯有結晶化糖衣才有的口感，便是這個甜點的
重點。商品名稱源自於翻譯成義大利語的「鹽味焦糖」。

○ 材料（容易製作的份量）

精白砂糖（焦糖用）…40g
鹽巴…5g
精白砂糖（糖漿用）…120g
水…60g
核桃…360g

1
把焦糖用精白砂糖放進小鍋，用中火加熱。

2
顏色變深後，晃動鍋子，一邊防止快速焦化，一邊熬煮至符合個人喜好的焦化程度。

3
關火，倒進鹽巴混合。

4
把糖漿用精白砂糖和水倒進鍋底較深的平底鍋，用大火煮沸，讓精白砂糖溶解。

5
把核桃倒進步驟 4 的平底鍋裡面，改用中火，一邊攪拌，使整體裹滿糖漿。

6
糖漿會慢慢呈現飴狀，所以要不斷攪拌，避免焦化，持續加熱至水分完全揮發為止。

7

水分完全揮發後，關火，進一步攪拌整體，讓糖漿結晶化。

8

核桃的表面變乾，糖漿完全結晶化之後，把溫熱狀態的步驟 3 倒入。

9

一邊攪拌，一邊開小火，使焦糖平均分佈。整體均勻包裹上焦糖後，關火。用攪拌刮刀充分攪拌，讓焦糖的表面結晶化。

10

攤平在矽膠墊上面，避免重疊，用 125℃的熱對流烤箱烘烤 45 分鐘。

11

出爐後，直接放置在矽膠墊上面直到完全冷卻為止。

POINT

因為焦糖的量較少，所以一開始焦化，就會瞬間產生焦色。雖然加水會比較容易製作，但是和核桃一起混合時，水分反而會造成阻礙，所以索性不使用水。

POINT

糖漿熬煮後會逐漸呈現飴狀，如果火候太大，糖漿就會焦化，產生黏性。所以一定要用小火烹煮。

POINT

製作焦糖的 1～3 步驟和糖漿包裹核桃的 4～7 步驟要同時進行。以便在步驟 8 的時候，可以讓焦糖在溫熱狀態下倒入。如果預先完成焦糖的話，就要重新加熱後再把焦糖加入。加入焦糖之後，要在加熱的同時慢慢降低溫度，一邊攪拌。如果不這麼做，焦糖就會變硬，就無法順利包裹在核桃上面。

Cantucci con Libes

加入大量雞蛋和杏仁粉，有著鬆軟口感的杏仁厚餅。日本國內以烘烤
二次，有著酥脆、堅硬口感的種類較為普遍。不過，義大利則以這種
柔軟種類為主。小紅莓的酸味和白巧克力的濃郁甜味相當契合。

O 材料（約 100 個）

小紅莓乾…200g

檸檬汁…30g

精白砂糖…100g

鹽巴…1.5g

檸檬醬…20g

全蛋…120g

A*

　中高筋麵粉（「Lisdor」日清製粉）…200g

　杏仁粉（去皮）…100g

　泡打粉…5g

白巧克力脆片…200g

蛋液…適量

＊：混合過篩備用。

1

把檸檬汁倒進小紅莓乾裡面，混合整體。表面緊密覆蓋上保鮮膜，在常溫下放置一晚。

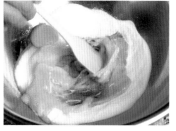

2

把精白砂糖、鹽巴、檸檬醬、全蛋放進鋼盆，用攪拌刮刀攪拌至整體均勻為止。

3

把 A 材料全部倒進步驟 2 的鋼盆裡，稍微攪拌。

4

趁粉末感還沒完全消失前，倒進白巧克力碎片混合攪拌。

5

倒進步驟 1 的小紅莓乾，確實混合攪拌。

6

使用切麵刀，把沾黏在鋼盆側面的材料刮下，彙整成團。

7	**8**	**9**
撒上手粉（高筋麵粉。份量外），把麵團分成 3 等分（各 340g）。	使用較多的手粉，用切麵刀調整成長度 20cm 的棒狀。	用手掌一邊按壓滾動，一邊塑形成長度 50cm 左右的棒狀。

10	**11**	**12**
排放在鋪有矽膠墊的烤盤，用手掌輕拍表面，使表面平坦。	用手指掐住麵團的側面，把形狀調整成梯形。	再次用手掌把表面壓平，並且用切麵刀按壓側面，使側面變得平滑。

13	**14**	**15**
在常溫下放置 6 小時以上（如果可以，就放置 24 小時），直到表面變硬。	用刷子抹上蛋液，用 180℃的熱對流烤箱烘烤 18～20 分鐘。	完全冷卻後，斜切成厚度 8mm 的片狀。

POINT

因為混入了大量的配料，所以擴展時容易產生龜裂。只要撒上大量手粉，一邊用手掌按壓，一邊擴展麵團就可以了。

POINT

塑形成梯形，可以預防麵團的表面在烘烤期間龜裂。

POINT

如果在麵團柔軟的狀態下烘烤，麵團會龜裂，所以成形後要在常溫下放置 6 小時以上，使表面乾燥。

Spéculos

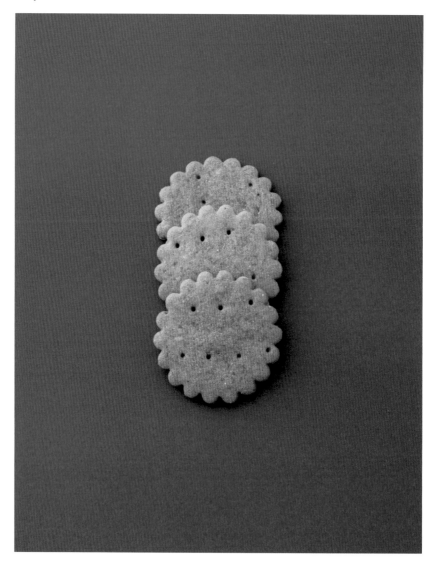

充分運用橘子清爽風味的比利時餅乾。香料只使用肉桂，製作出
清爽的味道。搭配泡打粉，烘烤出薄層狀，製作出酥脆口感。

Viennois

中高筋麵粉加上黑麥粉，製作出強烈的風味，只使用蛋白，藉此強調麵粉的風味。「以咀嚼美味為目標」的維也納酥餅。聖誕季節試著用草莓巧克力裝飾，結果可愛模樣大受好評，因而成了店裡的固定甜點。

Spéculos

比利時餅乾／Éclat des jours pâtisserie（エクラデジュール パティスリー）　中山洋平

⭕ 材料（200 片）

奶油（膏狀）…200g
細蔗糖…260g
鹽巴…2g
橘子皮（磨碎）…1 顆
牛乳…15g
全蛋…50g
A*
　中高筋麵粉（「LA TRADITION
　　FRANÇAISE」MINOTERIES
　　VIRON）…400g
　泡打粉…6g
　肉桂粉…2g

＊：混合過篩備用。

POINT

靜置麵團時，之所以用塑膠袋包
覆，並把形狀調整成正方形，是為
了節省隔天把麵團從冷藏庫裡面取
出後，擀壓延展的時間。因為隔天
要直接放進壓片機擀壓，所以加入
粉末之後，要確實把材料攪拌均
勻。如果沒有確實攪拌，放進壓片
機擀壓的時候，麵團就會破裂。

在打開擋板的狀態下烘烤，可以讓
水分揮發，烘烤出乾燥且酥脆的口
感。

⭕ 製作方法

1
把奶油、細蔗糖、鹽巴、橘子皮放進攪拌
盆，用低速的拌打器混合攪拌。

2
加入牛乳和全蛋混合。

3
攪拌成團後，倒進 A 材料攪拌。

4
用塑膠袋包起來，調整成厚度可放進壓片
機的正方形，放進冷藏庫靜置一個晚上。

5
用壓片機擀壓成 3mm 的厚度，用直徑約
5cm 的菊形模進行壓模。排列在鋪有矽
膠墊的烤盤上，在打開 150℃熱對流烤
箱的擋板的狀態下烘烤 14 分鐘。

Viennois

維也納酥餅／Pâtisserie Rechercher（パティスリールシェルシェ）　村田義武

⭕ 材料（30 個～40 個）

奶油…270g

鹽巴…3g

A

　精白砂糖…100g

　初階糖…20g

　香草糖 （p.26）…少量

蛋白…40g

B *1

　中高筋麵粉（「TERROIR PUR」

　　日清製粉）…280g

　黑麥粉…70g

巧克力*2…適量

＊1：混合過篩備用。
＊2：草莓巧克力（彩味〈草莓〉明治）和白
巧克力（「Couverture White IKLP」池傳）
以相同比例混合，隔水加熱溶解備用。

POINT

以咬下之後，麵粉的香氣和味道會在嘴裡擴散為目標，在法國產的麵粉「TERROIR PUR」裡面，混入富含麥糠的黑麥粉。不使用蛋黃，以免妨礙麵粉的香氣。僅使用彙整麵團所需的最低限度用量。另外，為避免風味被麵粉遮蓋，砂糖混合使用初階糖和香草糖，藉此製作出更具層次的甜味。

⭕ 製作方法

1

把奶油放進攪拌盆，用低速的拌打器攪拌成膏狀。

2

把鹽巴倒進步驟 1 的攪拌盆裡面，用低速攪拌，鹽巴混合完成後，倒進 A 材料，用低速混合攪拌。為盡可能避免打入太多空氣，攪拌均勻後，馬上停止攪拌。

3

把蛋白倒進步驟 2 的攪拌盆，用低速攪拌。

4

把 B 材料分 2 次加入，每次加入時，就用低速攪拌混合，直到沒有粉末感為止。

5

放入裝有星形花嘴（8 齒、8 號）的擠花袋裡面，擠在鐵製的烤盤上。

6

擠好之後，馬上放進 160℃的熱對流烤箱，烘烤 30 分鐘。中途把烤盤的前後方向顛倒過來。出爐後，直接放在烤盤上冷卻。

7

步驟 6 的餅乾完全冷卻後，把半邊浸泡在溶解的巧克力裡面，在常溫下放置至巧克力變凝固為止。

香檳法式海綿蛋糕／

Pâtisserie Rechercher（パティスリール シェルシェ） 村田義武

Biscuit Champagne

香檳地方的傳統點心。通常為了追求輕盈及入口即化的口感，大多都
是搭配玉米粉，而這裡僅大膽的採用低筋麵粉。以較多的麵粉配方，
製作出酥鬆的口感，以「咀嚼美味」為目標。

咖啡鑽石餅（咖啡口味的鑽石餅）／
L'atelier MOTOZO（ラトリエ モトゾー）　藤田統三

Diamante al Caffè

使用拿坡里知名咖啡品牌「KIMBO」的咖啡豆，咖啡風味絕佳的鑽
石餅。麵團裡面搭配太白粉。在義大利，餅乾裡面添加太白粉的情況
很多。太白粉的膨脹率比玉米粉更高，烘焙出獨特的輕盈感。

Biscuit Champagne

香檳法式海綿蛋糕／
Pâtisserie Rechercher（パティスリールシェルシェ） 村田義武

○ 材料（90 條）

【麵團】

全蛋…3 個
精白砂糖…180g＋適量
科涅克白蘭地…10g
紅色粉…少量
低筋麵粉（「Super Violet」
　日清製粉）…210g

POINT

加入紅色粉後，如果在麵團呈現緞帶狀之前，打入太多空氣的話，色素就會氧化，使顏色變得暗沉。另外，把粉末加進麵團裡面的時候，如果把氣泡壓破，就會使麵團塌軟。產生光澤後，就把上停止攪拌吧！

○ 製作方法

1

把全蛋放進攪拌盆打散，倒進精白砂糖（180g），直火加熱鋼盆，用打蛋器一邊攪拌，一邊加熱。溫度呈現 40℃～45℃後，從火爐上移開。

2

裝進桌上攪拌機，用高速的攪拌器攪拌 5 分鐘，中高速攪拌 5 分鐘，低速攪拌 5 分鐘，調整質地。

3

持續攪拌步驟 2 的材料，分次少量加入科涅克白蘭地。

4

加入紅色粉混合。麵團呈現緞帶狀後，從攪拌機裡倒出。

5

倒入過篩的低筋麵粉，用攪拌刮刀粗略的切割混合。以壓破麵團裡的氣泡的感覺，進一步混合攪拌，呈現光澤後，停止攪拌。放進裝有圓形花嘴（口徑 9mm）的擠花袋裡面。

6

在鋪有矽膠墊的烤盤上擠出 8cm 的長條狀，表面撒滿精白砂糖（適量）。在常溫下放置一晚，讓表面乾燥。

7

用 140℃的熱對流烤箱烘烤 15 分鐘。

Diamante al Caffè

咖啡鑽石餅（咖啡口味的鑽石餅）／
L'atelier MOTOZO（ラトリエモトゾー） 藤田統三

○ 材料（約 300 個）

奶油…1kg
糖粉…400g
鹽巴…2g
義式咖啡粉*1…20g
肉桂粉…2g
蛋黃…125g
A*2
　中高筋麵粉（「Lisdor」日清製粉）
　　…1108g
　太白粉…125g
蛋白…適量
義式咖啡粉*3…適量
精白砂糖*4…適量

＊1、3：用研磨機把義大利 KIMBO 公司
的義式咖啡用咖啡豆研磨成粉。
＊2：混合過篩備用。
＊3、4：用相同比例的義式咖啡粉和精白
砂糖混合備用。

POINT

仔細確認，等奶油和砂糖確實混合
後，再加入義式咖啡粉和肉桂粉。
如果從一開始就加入，麵團就會染
上顏色，便很難掌握麵團的攪拌狀
態。

○ 製作方法

1
把軟化的奶油、糖粉、鹽巴放進攪拌盆，
用低速的拌打器攪拌。

2
材料混合之後，改用高速。整體呈現白色
之後，改成中速，倒進義式咖啡粉和肉桂
粉，粗略混合攪拌。

3
倒進蛋黃，在維持中速的狀態下確實攪
拌。

4
加入 A 材料，用低速混合攪拌。

5
把麵團移到作業台，集結成團。擀壓成直
徑 3～4mm 的棒狀，進行冷凍。

6
完全冷凍後，用刷子在側面薄塗一層蛋
白，撒上混合備用的義式咖啡粉和精白砂
糖。

7
切成 1cm 寬後，排放在烤盤上，用
170℃的熱對流烤箱烘烤 20 分鐘。

Coco Bâton

18 條椰子口味和 2 條草莓口味的蛋白霜裝箱販售。之所以採用這樣的比例，是因為「以酸甜風味為訴求的草莓口味為搭配重點，讓整體的口味恰到好處」（橫溝先生）。兩種口味都有添加脫脂牛奶，製作出讓人聯想到煉乳的懷舊香甜。

Rosa

把喜好差異明顯的蛋白霜甜點，製作成討喜的玫瑰形狀，讓更多人產
生購買意願。「粉紅色如果太淡，印象就會顯得薄弱，顏色太深的
話，又會給人一種廉價感」（藤田先生），所以對高雅的色調也相當
講究。

Coco Bâton

椰子棒／Lilien Berg（リリエンベルグ）　橫溝春雄

〇 材料

【椰子口味（60～70 條）】

蛋白…200g

蛋白粉…10g

精白砂糖 A…33g

海藻糖…33g

精白砂糖 B…165g

A

　椰奶粉…50g

　椰子細粉…50g

　脫脂牛奶…22g

　香草精…適量

【草莓口味（100 條）】

蛋白…300g

蛋白粉…15g

精白砂糖 A…49.5g

海藻糖…49.5g

精白砂糖 B…240g

B

　草莓粉…15g

　覆盆子粉…9g

　檸檬汁…5g

　杏仁蛋白餅粉*…60g

　脫脂牛奶…33g

草莓片（冷凍乾燥）…8g

＊：把杏仁蛋白餅（省略解說）的麵團放進
100℃的烤箱，放置一晚烘乾後，用食物調理
機攪拌成粉末狀。

〇 製作方法

1

把蛋白放進鋼盆。把蛋白粉、精白砂糖
A、海藻糖混合後，過篩放進鋼盆，打發
蛋白。

2

一邊分次加入精白砂糖 B，一邊打發，製
作出勾角挺立且堅硬的蛋白霜。

3

椰子口味加入 A 材料；草莓口味加入 B
材料，稍微攪拌。

4

把步驟 3 的食材放入裝有星形花嘴（18
齒、口徑 18mm）的擠花袋裡面，在烤
盤上面擠出長度 10cm 左右的條狀。椰
子口味撒上椰子細粉（份量外、適量）；
草莓口味撒上草莓片。

5

在常溫下放置 30 分鐘左右，椰子口味用
120℃的熱對流烤箱烘烤 1 小時，草莓口
味用 80℃烘烤 3 小時。

每 2 支裝成 1 袋，草莓口味 1
袋，椰子口味 9 袋，然後再裝
進圓筒形的原創包裝盒裡面，
最後再裝進塑膠袋販售（1650
日圓）。其實這是根據包裝材
料所開發出的商品。當時因為
有希望使用的包裝紙，便根據
紙張決定形狀，再進行包裝盒
的製作，因為包裝盒的單價較
高，放在裡面的商品單價比較
低，所以為了裝入滿滿的商
品，便根據包裝盒的形狀思考
出活用包裝盒的甜點形狀。

Rosa

玫瑰／L'atelier MOTOZO（ラトリエ モトゾー）　藤田統三

⭕ 材料（約 300 個）

蛋白…120g
精白砂糖…50g
海藻糖…50g
A*
 精白砂糖…20g
 海藻糖…40g
 樹莓果粉…15g
 玉米粉…15g
 紅色粉…適量
玫瑰醬（「玫瑰花瓣醬」
 山真產業）…15g
玫瑰萃取液（「Rose Aroma」Le
 Jardin des Epices）…適量
檸檬汁…適量

＊：混合備用。

POINT

加入檸檬汁的理由有 2 個。一是使蛋白霜更綿密。另一個理由是，加入酸性的檸檬汁之後，會讓蛋白霜的 pH 偏向中性，就能呈現出漂亮的粉紅色。

為避免樹莓果粉或色素粉結塊、不均，A 材料要先混合攪拌，再倒進蛋白霜裡面。

⭕ 製作方法

1
把蛋白、精白砂糖、海藻糖放進攪拌盆，用高速的攪拌器確實打發至勾角挺立為止。

2
把 A 材料倒入，改用低速確實混合攪拌，直到沒有粉末感，呈現光澤為止。

3
加入玫瑰醬和玫瑰萃取液，用低速攪拌，最後再加入檸檬汁，進一步用低速攪拌。

4
放入裝有星形花嘴（6 齒、4 號）的擠花袋裡面，擠出 2 圈，使形狀看起來像是玫瑰。

5
用 95℃的熱對流烤箱烘烤 90 分鐘。

Croquant Gascogne

傳統甜點——脆餅，就如其名，有著酥脆的口感。加斯科涅地區的脆
餅沒有烘烤出烤色，而是呈現隱約白色。酥脆口感宛如一碰到牙齒就
會碎裂一般。同時，因為蛋白霜裡面包裹著大量粗粒堅果和砂糖，所
以香氣和甜味更會在嘴裡擴散。

Caramel Macadamian

蛋白和砂糖製作的傳統蛋白霜甜點，再加點創意。不打發，攪拌
後直接烘烤，因而有著相當獨特的口感。焦糖的苦味、夏威夷豆
的濃郁、鹽之花的鹽味，激盪出絕妙的美味組合。

Croquant Gascogne

加斯科涅脆餅／Blondir（ブロンディール）　藤原和彥

◯ 材料（20 個）

杏仁（帶皮、顆粒、
　西西里島產）…100g

榛果（帶皮、顆粒、
　西西里島產）…50g

開心果（帶皮、顆粒、
　西西里島產）…25g

蛋白…50g

精白砂糖…250g

中筋麵粉（「Chanteur」
　日東富士製粉）…75g

香草糖*…3g

＊：乾燥的大溪地產香草豆莢的豆莢和精白
砂糖以 1：9 的比例混合，用攪拌機攪拌粉
碎。

◯ 製作方法

1
把杏仁和榛果攤平在烤盤上，用 190℃
的烤箱烘烤 15 分鐘左右。在室溫下放
涼，連同開心果一起切成碎粒。

2
把蛋白放進攪拌盆，用高速的攪拌器進行
攪拌。打進空氣後，一邊分次加入精白砂
糖，一邊確實打發。

3
把攪拌盆從攪拌器上卸下，倒進混合過篩
的中筋麵粉和香草糖，用橡膠刮刀持續攪
拌，直到看不見粉末為止。

4
把步驟 1 的材料倒入，攪拌均勻。

5
分別抓取 25g 步驟 4 的材料，擺放在鋪
有烤盤墊的烤盤上面。用手掌往下按壓成
薄平狀。

6
用 160℃的烤箱烘烤 40 分鐘左右。連同
烤盤墊一起放在鐵網上，在室溫下放涼。

Caramel Macadamian

焦糖夏威夷／Ryoura（リョウラ） 菅又亮輔

○ 材料（約 500 個）

夏威夷豆（顆粒）…1kg
蛋白…275g
糖粉…1kg
焦糖*…35g
鹽之花…3.5g

＊：把精白砂糖（175g）和水（80g）放進
鍋裡加熱，熬煮成個人喜愛的濃稠程度。

POINT

焦糖的熬煮程度也會改變出爐後的
味道。菅又先生則是把焦糖確實焦
化，熬煮成金黃色，製作出苦甜的
風味。

○ 製作方法

1
夏威夷豆用 155℃的熱對流烤箱烘烤
15～20 分鐘。

2
把蛋白、糖粉、焦糖、鹽之花放進鋼盆，
用小火直火加熱或隔水加熱至 60℃。

3
把步驟 1 的夏威夷豆混進步驟 2 的材料裡
面，用食物處理機攪拌。夏威夷豆呈現粗
顆粒後，倒在烤盤上攤平，放涼後，切成
2cm 丁塊。

4
用 155℃的熱對流烤箱烘烤 12 分鐘。

Macaron d´Amiens

法國北部‧亞眠的傳統甜點。橘子誘出杏仁的濃醇香氣。如果要製作出黏密的口感，麵團就會變得柔軟、黏膩，使成形變得困難。不過，還是盡可能追求使作業更加有效的配方。把獨特的口感發揮到最大極限。

Macaron Nancy

由修女們製作的洛林地區‧南錫的甜點。酥脆的餅皮瞬間散發出略帶
苦味的杏仁香氣，餘韻強烈且味道濃厚。讓麵團表面呈現濕潤後再烘
烤，因此而產生的龜裂表情也別具魅力。

Macaron d´Amiens

亞眠馬卡龍／Maison de Petit four（メゾン ド プティ フール）　西野之朗

○　材料（80 個）

杏仁粉（去皮、
　　西班牙產瓦倫西亞品種）…625g

糖粉…500g

橘子皮（磨碎）…20g

香草豆泥…5g

蜂蜜…75g

蛋黃…50g

杏果果醬…75g

蛋白…100g

○　製作方法

1
把所有材料放進攪拌盆，用低速的拌打器攪拌。

2
材料混合完成後集結成團，放進塑膠袋，在冷藏庫裡放置一個晚上。

3
把厚度擀壓成 2.5cm，用直徑 3.2cm 的圓筒模進行壓模。

4
用刷子把用水稀釋的蛋黃（份量外）塗抹在表面，以 230℃的熱對流烤箱烘烤 10 分鐘。

POINT
如果烘烤過久，就無法製作出黏密的獨特口感。通過火的烘烤製作出熟透卻仍有黏密口感殘留的狀態。

Macaron Nancy

南錫馬卡龍／Blondir（ブロンディール）　藤原和彦

○　材料（35 個）

杏仁糊（「生杏仁霜 MONA」
　　KONDIMA）…250g
精白砂糖…60g
蛋白…60g
糖粉…60g＋適量

○　製作方法

1
把杏仁糊放進攪拌盆。加入精白砂糖，用
中速的拌打器攪拌成均勻的膏狀。

2
分次把蛋白加入步驟 1 的攪拌盆裡，每次
加入就攪拌至柔滑的均勻狀態。

3
放進糖粉（60g），攪拌至沒有粉末感為
止。

4
把步驟 3 的材料放入裝有圓形花嘴（口徑
18mm）的擠花袋裡面，在鋪有烘焙紙的
烤盤上擠出直徑約 5cm 的圓形。

5
用沾濕的毛巾輕壓步驟 4 的麵團表面 2～
3 次，使麵團表面濕潤。

6
撒上糖粉（適量），用 160℃的烤箱烘
烤 20～25 分鐘。

7
連同烘焙紙一起放在鐵網上，在室溫下放
涼。

Bâton aux Anchois

用千層派皮夾住鯷魚，撒上磨碎的埃德姆起司，烘烤至酥脆程度。
這是開幕至今鹹味法式曲奇中最受歡迎的熱銷商品。很適合搭配啤
酒或紅酒，也很適合不愛吃甜的客人。

Edam

改變法式酥脆塔皮的配方，製成酥餅。在不加入液體材料的情況下，單靠起司的水分使麵團集結，使用相同份量的低筋麵粉和高筋麵粉，製作出鬆脆的口感。每次咬下，起司的濃醇鮮味和香氣便會在嘴裡擴散。

Bâton aux Anchois

鯷魚餅乾棒／La Vieille France（ラ ヴィエイユ フランス）　木村成克

⭕ 材料

千層派皮（p.15）…適量
鯷魚…適量
埃德姆起司（磨碎）…適量
蛋液…適量

POINT

鯷魚毫無縫隙的緊密排列，讓千層派皮不管怎麼切都可以看到鯷魚。

冷凍過的派皮比較容易切割，出爐的形狀也會更漂亮。如果在冷凍庫放置過久，反而會使派皮變得過硬而不容易切割，所以要多加注意。

⭕ 製作方法

1
用壓片機把千層派皮擀壓成厚度 1mm，準備 2 片寬度 7cm 的長條狀。鯷魚用廚房紙巾輕輕夾住，去除油脂。

2
在步驟 1 其中一片千層派皮的單面塗抹蛋液，將步驟 1 的鯷魚橫向排成 2 列。

3
把另一片千層派皮重疊在步驟 2 的上方，把鯷魚夾在其中，輕輕按壓，讓麵團之間緊密貼合。

4
在表面塗抹蛋液，撒上埃德姆起司。

5
放進冷凍庫，待派皮冷卻變硬後，分切成 1.5cm 寬，用 160℃的熱對流烤箱烘烤 40 分鐘。在鐵網上放涼。

Edam

埃丹／Pâtisserie Rechercher（パティスリー ルシェルシェ）　村田義武

○ 材料（約 35 個）

A

　奶油*1…100g

　埃德姆起司（磨碎）…120g

　格律耶爾起司（磨碎）

　　…20g

　蓋朗德鹽（細粒）…0.2g

　黑胡椒*2…1g

　甜椒粉…1.2g

　高筋麵粉（「Million」

　　日清製粉）*3…60g

　低筋麵粉（「Super Violet」

　　日清製粉）*4…60g

蛋液…適量

杏仁（帶皮、顆粒）…適量

＊1：在剛從冷藏庫取出的堅硬狀態下，把奶
油切成適當大小備用。
＊2：用攪拌器攪拌成粉末狀，備用
＊3、4：高筋麵粉和低筋麵粉混合過篩備
用。

○ 製作方法

1

把 A 材料放進攪拌盆，用低速的拌打器
攪拌成鬆散的砂狀（Sablage）。

2

步驟 1 的材料混合完成後，取出集結成
團，用保鮮膜包裹起來，冷藏一個晚上。

3

用壓片機擀壓成厚度 5mm，用直徑
3.5cm 的菊形模壓模，塗抹蛋液，同時
分別放上一顆杏仁。

4

用 200℃的熱對流烤箱烘烤 10 分鐘。

芒果覆盆子酥餅／

Maison de Petit four（メゾン ド プティ フール）　西野之朗

Sablé à la Mangue et Framboise

由混合了芒果粉、覆盆子粉的麵團所組合烘烤而成的酥餅。黃
色和粉紅色形成可愛對比，為褐色商品偏多的甜點架增添華
麗。

啊！黃豆粉／
L'automne（ロートンヌ） 神田広達

Sablé au Kinako

加入大量黃豆粉，製作成酥鬆口感的酥餅。
再混入和黃豆粉一樣，同樣都是由黃豆製作
而成的鬆脆黃豆米（Soy Puff）。目的是製
作出「讓人聯想到蛋黃酥鬆，質地細緻且令
人懷念的口感」。令喜歡黃豆粉的人愛不釋
手，樸實卻餘韻濃厚。

法式薄脆餅／
Ryoura（リョウラ） 菅又亮輔

Feuillantine

把砂糖和雞蛋加進軟化的奶油裡面，製作出
酥鬆口感的酥餅麵團，然後再把酥脆口感的
法式薄脆餅混進裡面，使口感變得更加有
趣。紅糖的濃郁甜味使味道更有深度。

Sablé à la Mangue et Framboise

芒果覆盆子酥餅／
Maison de Petit four（メゾン ド プティ フール） 西野之朗

○ 材料（約 170 片）

【芒果麵團】

奶油…281g

A

　低筋麵粉（「Enchanté」
　　日本製粉）…356g

　純糖粉…37g

　芒果粉…28g

　杏仁糖粉*…168g

牛乳…28g

【覆盆子麵團】

奶油…281g

B

　低筋麵粉（「Enchanté」
　　日本製粉）…356g

　純糖粉…37g

　覆盆子粉…28g

　杏仁糖粉*…168g

牛乳…28g

【最後加工】

精白砂糖…適量

＊：去皮杏仁和純糖粉以相同比例混合製成。

○ 製作方法

【芒果麵團】

1
奶油在室溫下放置一段時間，使奶油呈現內部完全軟化的狀態。

2
把步驟 1 的奶油和 A 材料放進攪拌盆，用低速的拌打器攪拌，搓磨混合。

3
混合至某程度後，停止拌打器，用雙手搓磨成砂狀（Sablage）。

4
加入牛乳，用低速的拌打器攪拌。

5
彙整成團，分切成 150g，搓揉成棒狀。

【覆盆子麵團】
和芒果麵團一樣，把材料混合，然後分切，搓揉成與芒果麵團相同長度的棒狀。

POINT
奶油如果軟化成膏狀程度的軟度時，麵團就會軟塌，酥餅獨有的酥鬆口感就會消失。相反的，如果內部仍然冰涼堅硬，奶油和粉類材料的混合時間就會比較費時，同時無法形成均勻的砂狀。因此，讓奶油軟化至軟硬適中的狀態，是非常重要的步驟。另外，把奶油和粉類材料撮磨成砂狀的作業（Sablage），要採用手工方式，親自透過手的觸感確認整體是否呈現均勻狀態。

【最後加工】

1
把芒果麵團和覆盆子麵團扭轉混合，搓揉成直徑 3cm×長度 60cm 左右的棒狀。

2
把步驟 1 的麵團條放在用水沾濕後擰乾的毛巾上面滾動，使麵團表面濕潤。接著，在作業台上面攤撒精白砂糖，放上麵團滾動，讓整體佈滿精白砂糖。

3
切成 1.5cm 寬，排放在鋪有烘焙紙的烤盤上面。用 170℃的熱對流烤箱烘烤 30 分鐘。

POINT
因為希望讓芒果的黃色、覆盆子的粉紅色呈現出更漂亮的對比，所以烘烤至內部熟透即可，不烘烤出烤色。

Sablé au Kinako

啊！黃豆粉／L'automne（ロートンヌ） 神田広達

○ 材料（90 個）

奶油…330g
酥油…60g
精白砂糖…192g
A*1
　│ 低筋麵粉…300g
　│ 黃豆粉…210g
　│ 杏仁粉（去皮）…90g
煉乳…30g
黃豆米（不二製油）*2…90g

＊1：混合過篩備用。
＊2：加工成米粒狀的黃豆加工品。

○ 製作方法

1
把奶油、酥油、精白砂糖放進攪拌盆，用中速的拌打器攪拌。

2
精白砂糖確實混合後，改用低速。倒進 A 材料攪拌。

3
混合均勻後，加入煉乳和黃豆米，用低速攪拌。

4
彙整成團，放進塑膠袋，在冷藏庫裡靜置一個晚上。

5
搓揉成直徑 4cm 的棒狀，冷凍 2 小時，使麵團呈現容易切割的狀態。

6
切成 7mm 寬，用 160℃烘烤 2 分鐘左右。

POINT
加入奶油，然後再進一步使用酥油、混入黃豆製成的黃豆米，藉此追求更清爽的口感。煉乳的添加則能產生似曾相似的懷舊甜味。

Feuillantine

法式薄脆餅／Ryoura（リョウラ） 菅又亮輔

○ 材料（約 430 片）

奶油…2160g
精白砂糖…576g
細蔗糖…576g
鹽之花…14.4g
全蛋…576g
法式薄脆餅（解說省略）…1kg
低筋麵粉（「Violet」日清製粉）…2304g

○ 製作方法

1
把奶油放進攪拌盆，加入精白砂糖、細蔗糖、鹽之花，用低速的拌打器攪拌，進一步攪拌至呈現清爽的砂狀為止（Sablage）。

2
在維持低速攪拌的情況下，分次加入打散的全蛋混合攪拌。

3
加入適當搗碎的法式薄脆餅和低筋麵粉，攪拌至沒有粉末感為止。

4
把麵團彙整成團，用塑膠袋包起來，在冷藏庫放置一晚。

5
用壓片機擀壓成厚度 5mm，用直徑 5cm 的圓形圈模壓模。

6
排放在鋪有烘焙墊的烤盤上，用 160℃的熱對流烤箱烘烤 20 分鐘。

10 家店的禮品包材

販售甜點的時候，必須滿足客人對禮品包裝的需求。在這當中，對於包材的用心，也能促進客人對產品的進一步需求。在此展示各店家的部分禮品包材，同時介紹各店家的包裝設計。

La Vieille France
ラ ヴィエイユ フランス

左：黏貼盒和組裝盒，分別準備 3～4 種不同的大小尺寸。除此之外，還有可以把 2 個或 3 個用來裝法式曲奇的圓筒塑膠盒組合起來，組裝成小禮盒的包材（正中央、中央下方），以及圓形黏貼盒（右下）。重視剪裁工整的完美摺痕，以沉穩的色調、別緻的設計為主。右上：白色情人節使用的白色心形黏貼盒（上），在非當季的時候，用來裝填焦糖。在設計上特別下了一番功夫，讓包裝盒在非活動期間也可以用於其他用途，藉此避免多餘的庫存。濾掛式咖啡和燒菓子的套裝商品採用透明的包裝盒（下）。右下：因為黏貼盒的尺寸是根據蛋糕或果醬瓶的大小來決定的，所以不需要增加包裝盒種類。

Éclat des jours pâtisserie
エクラデジュール パティスリー

禮品用包材只採用傳統的拼裝用包裝盒，種類有 10 種以上，季節性的種類（右照片）則是每一季節準備 5～6 種，種類相當豐富。因為原創包材的製作，有最低製作數量的規定，所以只有成本較低的組裝盒採用原創包裝盒。價格昂貴的黏貼盒則是從現有產品中選購，藉此抑制成本，同時請廠商燙金列印上店名和商標，做出獨特感。招牌商品 Éclat 瑪德蓮的包裝採用高級質感的木盒拼裝，再用原創的包裝紙包起來（上方照片的左下）。由於豐富的禮品是該店的賣點之一。因此，包材費用佔了營業額的 20%，相當多。

Maison de petit four
メゾン ド プティフール

上：常溫蛋糕的包裝盒有黏貼盒和組裝盒共計 6 種，黏貼箱上面的圖樣是店家製作的各種甜點。小禮盒採用成本比較便宜的組裝盒，2000 日圓以上的禮盒則使用具有高級感的黏貼盒。下：暢銷的花色小蛋糕使用相同包裝圖樣的盒裝（左）。在百貨專櫃也相當受歡迎的西班牙傳統小餅，採用可以直接當成禮盒使用的原創禮盒販售（中央、右）。

Lilien Berg
リリエンベルグ

上：根據甜點種類，準備多種重視故事性及世界觀的原創禮盒。禮盒商品的推廣與包材的開發由老闆娘真弓小姐負責。包材費用約占營業額的一成。下：為了讓制式的禮盒可以在婚喪喜慶上使用，盒子、包裝紙都採用樸素的白底（左中）。除此之外，還有使用籃子、大理石紋紙或外國製包裝紙的原創黏貼盒。緞帶種類也很多，紙製的寬緞帶是原創商品（左上）。

L'atelier MOTOZO
ラトリエ モトゾー

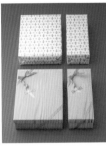

上：裝在袋子或盒子裡販售的甜點，多半都是用紙膠帶或緞帶等包材預先包裝。在帶動小禮品需求的同時，也能省略結帳時的包裝麻煩。右：包裝或專櫃的展示由老闆娘 EIKO 小姐負責。包裝盒固定採用木紋圖樣的折疊箱（3 種尺寸），依季節決定主題，準備各不相同的設計盒和緞帶。取材時的主題色彩是粉紅。

Ryoura
リョウラ

包材以店家的主題色彩－水藍色和白色為基調，全部都是原創製作。長方形的盒子不論是整塊的蛋糕或是常溫蛋糕都可對應，重視廣泛的通用性。加了插畫的盒子使用了好朋友就讀中學的小孩所繪製的插畫。除此之外，使用厚紙製成的高雅小提袋，以付費的方式提供，因而增加了小禮品的利用。

L' automne
ロートンヌ

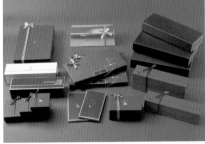

左：包裝用的禮盒共準備了 6 種。黑底加上金箔壓印的商標，呈現出奢華的設計感。右：長崎蛋糕、糖果巧克力、巧克力片等的包裝，採用可直接當成禮物使用的設計。每種包裝都採用妝點上店名或商標的別緻設計，大多都使用色調沉穩的褐色。包材全部都是由神田先生所設計構思。

Pâtisserie Rechercher
パティスリー ルシェルシェ

盒裝禮盒的價格 1,000 日圓～5,000 日圓，包裝盒共有 3 種。全都是採用既有的組裝盒，選擇店家的主題色彩－粉紅和灰色。利用銀色的緞帶和原創貼紙，編織出精緻的氛圍。現在正考慮引進原創的折疊盒。

W. Boléro
ドゥブルベ ボレロ

使用畫有店家庭院裡的含羞草或橄欖的原創包裝紙（上面 2 種），以及印有普羅旺斯圖樣的紙（下），黏貼箱準備 4 種大小不同的尺寸。盒子本身已有圖案，所以不使用包裝紙，直接用緞帶打包。除了照片裡的包裝盒之外，還有薩赫蛋糕或起司蛋糕專用的木盒，以及圖樣與原創包裝紙相同的餅乾罐（100 片裝，3,000 日圓）。

Blondir
ブロンディール

比起禮品包材，更希望把成本花費在禮盒裡面的甜點上，所以一律採用現有產品。盒子的種類有大、中、小 3 種。簡單的白盒，包覆上深藍色的包裝紙，再用緞帶打包。最後再貼上標有店名的貼紙。右邊是拼裝法式曲奇用的原創盒。原創盒上面的貓咪插圖出自藤原先生的手筆。

Lilien Berg

リリエンベルグ

a：椰子棒（20 支裝，1650 日圓）。由 18 支椰子口味和 2 支草莓口味拼裝而成。→食譜 p.46　b：恩加丁核桃派（210 日圓）。瑞士恩加丁地區的燒菓子。把裹上焦糖的堅果包在酥餅裡面的創意菓子。→食譜 p.117　c：杯子蛋糕（260 日圓）。宛如寶石般，把法式水果軟糖鑲嵌在奶油長崎蛋糕上面。　d：城堡劇院（260 日圓）。用薩赫蛋糕的碎屑製成的德國菓子。內餡採用紅醋栗粒果醬，上面則鋪滿大量堅果。→食譜 p.105　e：小豬瑪德蓮 櫻（6 個裝，1450 日圓）瑪德蓮除了原味之外，還有其他季節商品。→食譜 p.128　f：高峰（2 個裝，160 日圓）代表維也納燒菓子的月形餅乾。→食譜 p.8　g：貝殼餅（1 包 600 日圓）。入口即化的貝殼形酥餅，夾心是自家製杏果果粒果醬。　h：招喚幸福的貓頭鷹（160 日圓）。使用主廚手繪的貓頭鷹圖畫所製成的模型。加了椰子的酥餅，搭配榛果巧克力的夾心。3 個裝的原創盒（550 日圓），只有其中一個有如照片般的霜飾。　i：杏仁糕（2 個 110 日圓）用焦化的麵粉、和三盆製成，香氣在口中擴散的西班牙菓子。創業以來的長期暢銷商品。　j：鏡面（1 袋 600 日圓）。使用奶油長崎蛋糕的碎屑製成，口感酥鬆、輕盈。中央是覆盆子果粒果醬的內餡。

即便是燒菓子，仍要重視新鮮度。
依照季節改變商品內容，
打造百吃不膩的陳列架。

我認為即便是燒菓子，也不適合存放太久。可以用新鮮二字來形容的甜點，可不光只有生菓子。甜點剛出爐的時候相當美味，可是，經過冷凍，或為了長時間存放而放進脫氧劑的話，當甜點送進客人嘴裡的時候，那種剛出爐的美味就會不復存在。香氣在出爐的瞬間四處飄散，正是燒菓子的特色。基於這樣的想法，我總是堅持堅果烘烤等事前處理的每個步驟細節。然後，我會以 2～3 天內銷售完畢為目標，調整生產的時程。甚至，我會把賞味期限設定在製造日起的 10 天以內，藉此督促客人盡可能趁新鮮的時候品嚐。最重要的是，這些事我已經持續堅持了幾十個年頭。

這是從開業當初就決定好的事。大部分的客人都會購買生菓子。然後，覺得好吃的話，就會回頭來購買自己要吃的燒菓子。覺得燒菓子好吃之後，他們就會來訂購禮盒。禮盒銷售越多，燒菓子的營業額比例就會上升，相對的，店裡的營利也會升高。所以我會準備不論客人何時光臨，都可以品嚐到美味的甜點。

另外，要讓客人訂購禮盒，就要讓客人買得開心，收禮的人感到高興，因此，禮盒的包裝也相當重要。我們的包材幾乎都是原創設計。在開發的時候，不管是採用外國製包裝紙的黏貼箱，或是貓頭鷹造型的餅乾盒等包材，我們最重視的便是可愛與有趣。常備的禮盒商品種類約有 50 種，而個別包裝的燒菓子約有 30 種左右。不管是哪種產品，我們都會依季節去做變化，讓客人每次光臨都能產生新鮮感。這樣的作法讓包含禮盒在內的燒菓子銷售比例，在這 10 年來達到了 7 成左右。今後我們依然會堅守剛出爐的美味與商品的樂趣性，持續製作燒菓子。

橫溝春雄（Yokomizo Haruo）1948 年生，崎玉縣人。高中畢業後，曾任職於「S・Weil」（歇業），之後前往歐洲。以維也納的「DEMEL」為首，在瑞士、德國的咖啡廳、飯店等職場鑽研技術長達 5 年之久。回國後，在新宿中村屋「Gloriette」擔任主廚，之後自立門戶。

銷售比例

其他（巧克力、砂糖甜點、果粒果醬、果凍等）10%

生菓子 20～30%

燒菓子 60～70%

DATA
賣場面積_20 坪
內用區_15 坪
廚房面積_69 坪
製造人數_25 人＋主廚
客單價_5000 日圓
平均客數_平日 200 人、週末 400 人以上

SHOP DATA
神奈川県川崎市麻生区上麻生 4-18-17
☎ 044-966-7511
營業時間_10：00～18：00
公休日_第 1、3 個星期一、每星期二

1：賣場中央是陳列約 25 件生菓子的展示櫃。
2：燒菓子賣場在生菓子展示櫃左後方樓梯往上的小房間。　3：小房間中央有樹枝造型的擺設，燒菓子陳列在其周圍。　4：小禮盒集中放置的展示空間。　5：後方的架子上有袋裝點心和蛋糕。
6：燒菓子賣場的入口旁陳列 10 種左右的拼裝禮盒。

La Vieille France

ラ ヴィエイユ フランス

a：布列塔尼酥餅（260日圓）。用130℃的低溫仔細烘烤，確實讓內部也染上烤色。　b：波貝司（350日圓）。把堅果和乾果捲成內餡的亞爾薩斯地方菓子。→食譜p.113　c：鰻魚餅乾棒（1盒480日圓）。非常適合搭配啤酒或紅酒。→食譜p.58　d：恩加丁核桃塔（280日圓）。壓成圓形的酥餅，夾上包裹焦糖的堅果，製作出夾心不外露的完美烘烤。　e：帕雷歐（180日圓）。在表面撒上砂糖，焦化。有著酥脆口感的派菓子。有效運用香氣絕佳的肉桂。→食譜p.14　f：小豬酥餅（150日圓）。使用沖繩・多良間產黑糖的酥餅。製作成沖繩飲食文化不可欠缺的小豬形狀。　g：迷你瑪德蓮（20個，1400日圓）。用小型模型烘烤，造型可愛。→食譜p.129　h：開心果酥餅（1盒480日圓）。香草麵團薄捲開心果麵團的美麗設計，引人注目。　i：鹽味榛果（1盒550日圓）。煙燻的鹽味榛果。最適合當小點心。　j：覆盆子達克瓦茲（240日圓）。在麵團和奶油裡面加入覆盆子，顏色、味道都十分華麗。→食譜p.85

在自然光照射的賣場內檢視烤色。
密集、熱鬧的陳列方式，
演繹出舞動般的美味氛圍。

從 2007 年開幕日起，我就預測到燒菓子的需要將會有逐漸增加的趨勢，同時也積極投入。在社會趨於高齡化的過程中，讓人心靈沉穩的燒菓子美味逐漸被更廣泛的年齡層所接受。另外，在有更多客人願意品嚐法式甜點的現在，人們對燒菓子的關注也有逐漸增加的趨勢。不管怎麼說，最重要的是我本身也非常喜歡法式甜點，店裡總是隨時備有 30 種以上的法式甜點。

燒菓子最重要的部分是烤色。為了讓客人在看到甜點外觀時，能有更強烈的美味感受，我不會在廚房的螢光燈底下檢視烤色，而是把烤好的燒菓子拿到自然光照射的賣場內，確認燒菓子的烤色。模具使用金屬製的模具。對於一次烘烤出美味烤色，同時又讓菓子內部確實加熱的法式甜點來說，金屬製的模具是不可欠缺的道具。因為製造的數量很多，所以為了提高作業性，我每年都會委託業者氟處理 1～2 次。

燒菓子的原料使用也相當重要。奶油仿效法國，全部的燒菓子都使用發酵奶油；杏仁則使用香氣更好、氣味濃郁的西班牙產Marcona 品種和 Valencia 品種。為了讓客人可以在最美味的時刻品嚐到甜點，勤勞的製作補貨，也是非常重要的事情。出爐後稍微放置一段時間會比較美味的費南雪或蛋糕，刻意等到味道絕佳的時刻上架陳列，讓客人可以在最佳的美味時刻品嚐。

然後，在燒菓子的銷售上，不光是味道，陳列也是相當重要的事情。30 種商品中，大約有 20 種是採用個別包裝的商品，這些商品都是擺放在店面中央的大型古董桌上面，堆疊出熱鬧的氛圍。因為我覺得各種種類堆放在一起的模樣，看起來會更加美味，我也會交代店員要時常注意，隨時補貨。

木村成克
（Kimura Sigekatsu）
1963 年生，大阪府人。1987 年前往法國，在「NEGERU」等 6 家店任職。是巴黎「LA · VIEILLE · FRANCE」的首位日籍甜點師。1998 年回到日本。在「PATISSERIE（福岡）」擔任主廚後，於 2007 年自立門戶。

銷售比例

其他（果粒果醬、巧克力、冰淇淋、喫茶、茶葉、咖啡豆等）10%

生菓子 30%

燒菓子 60%

DATA

賣場面積_10 坪
內用區_2 坪
廚房面積_26 坪
製造人數_10 人＋主廚
客單價_1500 日圓
平均客數_平日 120 人、周末、假日 200 人

SHOP DATA

東京都世田谷区粕谷 4-15-6
グランデュール千歲烏山 1F
☎ 03-5314-3530
營業時間_10：00～19：30
公休日_星期一（逢假日則為隔天）

1：照片右邊的展示櫃陳列生菓子，左邊則是個別包裝的燒菓子，正面的貨架上陳列果粒果醬。
2：果粒果醬貨架的陳列空間。左邊陳列燒菓子的拼裝禮盒，和裝進筒狀盒裡面的法式曲奇，右邊則是罐裝的糖漬水果。　3：大型的古董桌上面擺滿了個別包裝的燒菓子，氣氛相當熱鬧。　4：拼裝禮盒等禮品商品熱鬧陳列。上層是法式曲奇。

Maison de Petit four

メゾン ド プティ フール

a：秋季陶罐（336 日圓）。在陶罐裡面堆疊 3 種麵團，同時埋進堅果和栗子等材料，烘烤製成的蛋糕。→食譜 p.106　b：西西里（238 日圓）。使用大量西西里島產的開心果泥。　c：鹽味焦糖蛋糕（270 日圓）。使用焦糖醬和白松露海鹽製成的鹽味焦糖蛋糕。　d：巴斯克蛋糕（194 日圓）。用柔軟麵團夾入杏仁奶油餡和蘭姆葡萄烘烤的原創商品。→食譜 p.132　e：亞眠馬卡龍（3 個裝 486 日圓）。北法國‧亞眠的傳統菓子。→食譜 p.54　f：角笛（1 盒 594 日圓）。用小型的蘭朵夏把堅果糖捲在其中的熱銷法式曲奇。→食譜 p.11　g：芒果覆盆子酥餅（1 盒 518 日圓）。把芒果和覆盆子 2 種顏色的麵團組合在一起的酥餅。→食譜 p.62　h：堅果瑪德蓮（184 日圓）。加入堅果糖的濃醇味道。　i：巴斯克酥餅（254 日圓）。餅乾上面的符號是巴斯克的象徵符號。簡樸風味的酥餅。　j：杏仁糕（左起原味、抹茶、覆盆子、紅茶、和三盆、楓糖、巧克力。各 3 個‧共計 21 個裝，1620 日圓）。加入香氣絕佳的西班牙產 Valencia 品種的杏仁粉和杏仁碎粒。

堅持親手確認麵團狀態，追求一貫的美味。
玩心十足的包裝使營業額倍增

　我在 26 歲的時候自立門戶。以燒菓子批發專門店的形式開業。燒菓子的生產計劃容易制定，虧損也比較少。既然是做批發，就不需要考慮地利關係，而且只要鎖定特定的燒菓子，就不需要準備太多機材。於是我就從 15 坪的小倉庫開始做起。之後，我以燒菓子專門店的形式設立店舖，藉著第 2 家店的設立開始製作起生菓子。現在已經增加至 3 間店。

　燒菓子製作最重要的事情是仔細觀察狀態的變化。奶油或雞蛋裡面含有多少空氣、奶油直接採用堅硬的種類，還是在室溫下軟化成膏狀、麵團要搓揉至什麼程度。仔細確認每一個步驟，使每個階段的材料都維持在最理想的狀態，這是非常重要的事情。因此，製作酥餅麵團的時候，我會進行用手把奶油和麵粉搓磨混合的作業（砂狀；Sablage）。用攪拌機攪拌麵團的時候也一樣，我一定會在最後階段用手確認麵團的狀態。烘烤的作業也很重要，但在烘烤之前，讓麵團呈現最佳狀態，更是比什麼都重要。

　不光是味道，還有一件事情也很重要，那就是包裝。畢竟除了讓自己吃得開心之外，還要讓收到的人拿得高興。體貼對方的做法是非常重要的事情。在 3～4 年前，我請人把店裡的燒菓子繪製成插畫，試著用那些插畫來作為花色小蛋糕拼裝禮盒的設計，結果當時銷售的反應相當好，不僅獲得雜誌報導，還有百貨公司主動上門招商，訂單也以倍數成長。最受歡迎的 S 尺寸，曾在一個月內達到 1000 盒以上的訂購。

　長年以來，我都以傳統菓子和地方菓子作為主軸，不過，從數年前起，我開始重視所謂的自我追求。從法國料理找出靈感，把麵團和食材重疊的陶罐狀蛋糕，或是採用日式食材的杏仁糕等，就是其中的例子。今後我也會透過更自由的發想採取行動。

西野之朗（Nisino Yukio）
1958 年生，大阪府人。在「AU BON VIEUX TEMPS（東京・尾山台）」任職後，前往法國，在巴黎的「Arthur」等店家進修。回國後，開始從事燒菓子的批發。1990 年「Maison de petit four」開業。1991 年南馬込店開幕；2004 年長原店開幕。

銷售比例
（3 家店、網購、批發總計）

其他（砂糖甜點、麵包、熟食、巧克力等）15%

生菓子 25%

燒菓子 60%

DATA

廚房面積_60 坪
製造人數_13＋主廚
（3 家店、網購、批發的製造）
客單價_2000 日圓（總店）
平均客數_平日 60～70 人，周末、假日 80～90 人（總店）

SHOP DATA

本店／東京都大田区仲池上 2-27-17
☎ 03-3755-7055
營業時間_9：30～18：30
公休日_星期三＋不定期休假

1：深度很深的店內。一邊設置冷藏展示櫃，陳列生菓子和熟食（小菜），另一邊則是陳列燒菓子。　2：入口處的貨架陳列暢銷的杏仁糕。可直接當成禮品的可愛包裝。　3：暢銷的花色小蛋糕備有 S、M、L 3 種尺寸。　4：常溫蛋糕的小禮盒用原創的組裝盒裝箱販售。　5：燒菓子的陳列貨架上面有拼裝禮盒、塑膠盒裝的法式曲奇、個別包裝的法式曲奇。

L'atelier MOTOZO

ラトリエ モトゾー

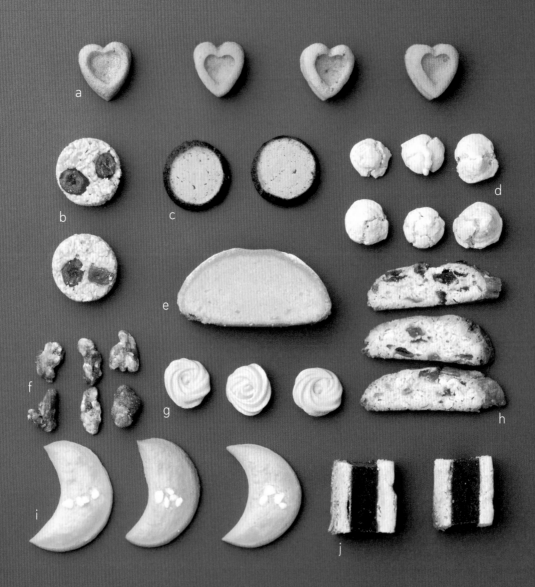

a：Amor Amor（1 盒 850 日圓）。情人節專賣的心形小蛋糕。開心果和櫻花 2 種口味。　b：白樺（1 盒 550 日圓）。用白巧克力組合義大利脆餅和法式薄脆餅的一口尺寸。　c：咖啡鑽石餅（1 盒 750 日圓）。用太白粉製作出輕盈感的咖啡風味餅乾。→食譜 p.43　d：好味醜曲奇（1 盒 450 日圓）。加了杏仁、榛果和肉桂的北義大利傳統的蛋白霜菓子。　e：AMOR 玉米糕（300 日圓）。用玉米粉製作的暢銷菓子。→食譜 p.125　f：鹽味焦糖（1 盒 600 日圓）。裹上酥脆焦糖風味糖衣的核桃。→食譜 p.32　g：玫瑰（1 盒 500 日圓）。玫瑰香氣的蛋白霜。→食譜 p.47　h：康李貝斯杏仁厚餅（1 袋 600 日圓）。柔軟口感的義大利脆餅。→食譜 p.35　i：聖佩黎諾（1 盒 450 日圓）。北義大利溫泉地區的銘菓。使用碳酸氫銨打入較粗的氣泡，製作出酥鬆口感。　j：那不勒斯脆餅（1 盒 450 日圓）。用柔軟的餅乾麵團，夾上加了香料和酒釀櫻桃的巧克力海綿麵團。那不勒斯傳統的庶民菓子。

打造「色彩鮮豔」的華麗賣場，
讓義大利傳統菓子更貼近生活

燒菓子是採用義大利傳統菓子和原創創意菓子各半的商品所構成的。傳統菓子重視當地原有的樣貌，甜度和口感維持原樣，然後再調整尺寸，讓本地的客戶更樂意接納義大利菓子，同時更加熟悉。另外，每周推出一次新商品，隨時給予賣場不同的變化。本店開業至今還不滿 1 年，很多光臨本店的客人都不知道本店是義大利菓子店。義大利菓子大多都很簡單，往往給人樸素的感覺。因此，我特別注重外觀，希望藉由外觀來引起客人的興趣。

在商品構成上，我的優先考量是「色彩」。燒菓子的賣場往往都會一面倒的偏向褐色，所以我會特別留意各種色彩的採用，希望藉此增添視覺上的享受。在構思新作品的時候，我經常問負責管理賣場的太太，「接下來的季節希望用什麼顏色來妝點貨架？」當太太提出的顏色無法靠菓子來表現的時候，我就會以包裝紙來實現。

百貨公司的化妝品專櫃，就是我用來打造賣場的參考範例。因為我希望打造出被各種耀眼色彩和香氣所包圍，令人感到興奮的店家風格。另外，即便是簡單的一句粉紅色，還是會有生動的粉紅和溫和的粉紅等各種不同的印象。我也會仔細的留意那些微妙的色彩差異。

現在，燒菓子的銷售比例大約是整體的 1/3 左右，未來我打算從網路販售開始，以 6 成的比例為目標。另外，最近我也正在研究玫瑰和橄欖的蛋糕等，有助於美容的機能性菓子。我也對低糖甜點很有興趣，現在正在嘗試各種不同的甜味劑。

藤田統三（Buzita Motozou）1970 年生，大阪人。在法國甜點店和義大利料理店等累積經驗後，從 1999 年開始，往返大阪和義大利之間，長達三年之久。曾在「Sol Levante（東京・表參道）」擔任主廚（2005 年開業，2014 年歇業）。2016 年 8 月自立門戶。

銷售比例

內用區 10%
燒菓子 30%
生菓子 60%

DATA

賣場面積_13 坪
廚房面積_12 坪
製造人數_4 人＋主廚
客單價_1890 日圓
平均客數_平日 120 組、
　六日 140 組

SHOP DATA

東京都目黑區東山 3-1-4
☎ 03-6451-2389
營業時間_10：30〜19：00（星期日〜18：00）
公休日_星期一

1：入口正面擺放生菓子的展示櫃。左邊的貨架陳列燒菓子。　2：個別包裝的燒菓子不少，以450〜850 日圓左右的盒裝為主。　3：在宛如書架般的陳列架上展示燒菓子。上層擺放著菓子和料理的外文書、禮品包裝的參考書等書籍。　4：可直接當成小禮物送人的包裝商品很多。可節省包裝的時間，帶動簡便禮物的需求。　5：也有販售可以把 1 盒菓子包裝成禮品的布包（100 日圓）。

W. Boléro

ドゥブルベ ボレロ

a：法式焦糖杏仁脆餅（240 日圓）。使用大量大顆的歐洲產堅果。→食譜 p.120　b：修女小蛋糕（220 日圓）。添加杏仁的白蘭地酒，強調風味。→食譜 p.88　c：恩加丁核桃派（230 日圓）。為了強調格勒諾勃諾產核桃的美味，焦糖不要熬煮過久。　d：無果巧克力蛋糕（220 日圓）。搭配可可含量較高的巧克力和洋酒漬乾果，也和紅酒十分對味。→食譜 p.137　e：焦糖洋梨蛋糕（230 日圓）。加入白酒燉洋梨和焦糖的蛋糕。清爽、濃郁，適合夏季的商品。　f：椒鹽卷餅（220 日圓）。把酥皮的二次麵團和酥餅麵團扭轉在一起。　g：香草杏仁餅（1 盒 460 日圓）。添加糖漬檸檬，製作出柔和口感。　h：蘭姆烘餅（1 盒 460 日圓）。蘭姆酒和檸檬的香氣相當有魅力。→食譜 p.22　i：巴斯克・近江木莓（240 日圓）。肉桂香氣的豐富麵團，夾入當地產的水果果粒果醬。→食譜 p.133　j：聖讓德呂茲馬卡龍（200 日圓）。在生杏仁霜裡面加入蛋白的樸素味道。重現巴斯克的老字號「Maison Adam」從 500 年前就開始製造的同類商品。

靠自家進口和製作方法的巧思，解決材料上漲和短缺的問題。
郊區店家提高營業額的密技就在於簡單易懂的陳設

　　不管是材料，還是製作方法，簡單的燒菓子在差異性的手法上有所限制，所以產生差異性的材料尤其重要。尤其本店的主題是『與法國並無不同的味道』，所以除了日本產的低筋麵粉之外，我還會使用法國產麵粉，表現出當地燒菓子特有的酥鬆口感和小麥的香氣。奶油則使用發酵奶油。尤其在強調味覺的菓子上，會使用西西里島產 Palma Girgenti 品種的杏仁，或是格勒諾勃產的核桃等堅果，不惜使用品質更好的材料。另一方面，因為材料漲價的關係，燒菓子已經不再是賣越多賺越多的商品了。因此，最令我傷透腦筋的就是，該怎麼做才可以採購到更便宜的材料。本店以自家進口的方式來抑制杏仁的成本，同時確保數量。當我必須重新評估素材時，我會選擇經過嚴格挑選的歐洲產杏仁，搭配白蘭地來彌補杏仁的微苦風味，或是添加以杏果為主體的加工品「杏仁霜」，藉此彌補杏仁的香氣。在燒菓子當中，香氣也是非常重要的要素。因此，本店在製作的時候，會勤勞的烘烤每一個烤盤，出爐後馬上裝袋，把香氣一起裝進袋裡。

　　在銷售技巧方面，我最重視的是形象打造。店裡的裝潢概念是南法的普羅旺斯，禮盒包裝也採用相同的概念。另外，陳列架的數量以及陳列的商品種類也增加了許多，演繹出熱鬧的氣氛。只要場地允許，我們會盡可能展示所有的禮盒。本店位在郊區，因此，這種淺顯易懂的陳設是相當重要的。開業時，燒菓子原本只佔了銷售比例的 5％，自從我們採用這種作法後，銷售比例已經成長為 35％。另一方面，坐落在辦公大樓林立的大阪店對禮盒的需求較多，陳列的禮盒數量比總店更多，讓燒菓子的銷售比例維持在 50％左右。

渡邊雄二（Watanabe Yuuzi）
1965 年生，三重縣人。大學畢業後，在「LESANGES」（神奈川・鎌倉）等店修業，2004 年自立門戶。2013 年第 2 間店在大阪・本町開幕。每年和工作人員一起前往歐洲 1～2 次，探究歐洲的菓子文化。

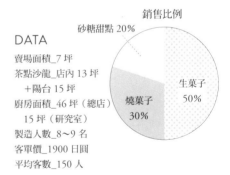

銷售比例

砂糖甜點 20%
燒菓子 30%
生菓子 50%

DATA
賣場面積_7 坪
茶點沙龍_店內 13 坪
　＋陽台 15 坪
廚房面積_46 坪（總店）
　15 坪（研究室）
製造人數_8～9 名
客單價_1900 日圓
平均客數_150 人

SHOP DATA
本店／滋賀県守山市播磨田町 48-4
☎ 077-581-3966
營業時間_11:00～20:00
（茶點沙龍 18:30L.O.）
公休日_星期二（逢假日則為隔天）

1：在生菓子展示櫃的右後方空間設置貨架，陳列燒菓子。　2：為了讓客人更容易挑選，準備數種禮盒樣本。　3：評估「究竟有多少可以印入眼簾」（渡邊先生），在開業後增設燒菓子的貨架。同時也增加了貨架的照明，讓客人可以更清楚看見菓子。　4：除了 8 種裡面裝有餅乾，直徑 3cm 的圓筒形包裝盒之外，還有常溫蛋糕，共計 15 種。5：18 種常溫蛋糕整齊陳列。

Madeleine

瑪德蓮

說到甜點師，一定會聯想到瑪德蓮。差別在於以正統的法國風格為目標，還是烘烤成日本人偏愛的濕潤口感。正因為是暢銷的商品，所以更是需要積極找出口感定位，來滿足各種需求的燒菓子。

Éclat des jours pâtisserie
エクラデジュール パティスリー

Éclat 瑪德蓮
（200 日圓）

瑪德蓮
（200 日圓）

為了作為招牌商品所構思出的商品。奢多的使用大量的杏仁糖泥，製作出濕潤口感。

使用鮮奶油，製作出豐富的味道。加入大量的香草豆莢，進一步用橘子和檸檬皮，烘焙出溫和的香氛。

Ryoura
リョウラ

奶油瑪德蓮
（203 日圓）

紅茶瑪德蓮
（203 日圓）

把搭配大量杏仁的柔軟麵團倒進給人懷舊感覺的紙模型裡面。搭配牛奶等較多的水分，實現獨特的鬆軟感。「紅茶口味」是添加了伯爵紅茶茶葉的紅茶風味。廣泛客群所熟悉的味道十分受歡迎。

L' automne
ロートンヌ

瑪德蓮
（172 日圓）

巧克力瑪德蓮
（172 日圓）

添加杏仁糖泥，由於材料的水量較多，口感較為濕潤。除了運用檸檬，使味道更加清爽的原味之外，還有巧克力口味。透過簡單的材料和製作方法，享受材料本身的美味。

Lilien Berg
リリエンベルグ

小豬瑪德蓮
（160 日圓）

小豬瑪德蓮 櫻
（6 個裝 1450 日圓）

使用傳統模型製成的原創模型。模型的深度較深，口感濕潤。名稱源自於膨脹的外型，讓人聯想到小豬的手。除了原味之外，還有黑豆或檸檬等季節交替的味道。

Pâtisserie Rechercher
パティスリー ルシェルシェ

瑪德蓮（185 日圓）

使用具清涼感的塔斯馬尼亞州產灌木蜂蜜和糖漬香橙。充滿溫和的香氣。

Blondir
ブロンディール

瑪德蓮（180 日圓）

添加杏仁糊，增添濕潤感和微苦感。薰衣草的蜂蜜有著優雅的香氣。

W. Boléro
ドゥブルベ ボレロ

瑪德蓮
（150 日圓）

巧克力瑪德蓮
（180 日圓）

日本產低筋麵粉，搭配法國產中筋麵粉和中高筋麵粉，表現出「酥鬆碎裂的法式口感」（渡邊先生）。

搭配 CASALUKER 公司的哥倫比亞（可可含量 70％），宛如熔岩巧克力的感覺。簡單微苦的味道。

Maison de Petit four
メゾン ド プティフール

蜂蜜瑪德蓮
（171 日圓）

堅果糖瑪德蓮
（171 日圓）

巧克力瑪德蓮
（171 日圓）

紅茶瑪德蓮
（171 日圓）

咖啡瑪德蓮
（171 日圓）

外表酥脆，裡面軟嫩的口感對比令人玩味。有微甜的蜂蜜（Miel）、堅果風味豐富的堅果糖、可可香氣的巧克力、伯爵紅茶香氣的紅茶、咖啡香氣的咖啡，5 種口味。因為是接受度極高的菓子，所以準備了各種不同的口味，讓客人有更多不同的選擇。

La Vieille France
ラ ヴィエイユ フランス

瑪德蓮
（186 日圓）

迷你瑪德蓮
（1 盒 20 個 1297 日圓）

中央膨脹形成『肚臍』的法式配方，再加上杏仁糖泥，增添日本人偏愛的濕潤感。用相同麵團製作的迷你瑪德蓮則製成禮盒規格。

Financier

費南雪

和瑪德蓮一樣。說到燒菓子，優先聯想到的就是費南雪。因為使用了大量的杏仁粉，所以杏仁粉的處置便是味道的關鍵所在。另外，味道和口感也會因為所使用的是融化奶油或是焦化奶油，而有極大的不同。

Pâtisserie Rechercher
パティスリー ルシェルシェ

費南雪
（210 日圓）

覆盆子費南雪
（210 日圓）

西西里島產 Palma Girgenti 品種的杏仁粉，加上少量的帶皮榛果粉，增添微苦感。撒上的覆盆子是使用剁碎的冷凍覆盆子果乾，加入添加白蘭地酒、香草豆莢的焦化奶油，使香氣更顯豐富。

Maison de Petit four
メゾン ド プティフール

榛果費南雪
（181 日圓）

巧克力費南雪
（181 日圓）

加入杏仁粉，然後再搭配提高風味的榛果粉，製成榛果口味；另外再運用可可粉製作出微帶苦味的巧克力口味。烘烤出外面香酥、內部濕潤的口感。

Éclat des jours pâtisserie
エクラデジュール パティスリー

費南雪
（200 日圓）

覆盆子費南雪
（200 日圓）

加入確實焦化至焦茶色的焦化奶油，製作出邊緣酥脆，內部濕潤的口感。

在烘烤中途擠入自家製的果粒果醬，然後再烘烤出爐。覆盆子的華麗酸味格外鮮明。

L' automne
ロートンヌ

費南雪
（200 日圓）

開心果費南雪
（200 日圓）

以表面和內部都呈現濕潤口感為目標，用略高的烘烤溫度、略短的時間，在保留水分的情況下烘烤出爐。為了誘出堅果的香氣和味道，在烘烤之前，先讓麵團靜置 6 小時後，再進行烘烤。

Lilien Berg
リリエンベルグ

費南雪（160 日圓）

大量使用在自家店裡烘烤的新鮮杏仁粉，表面酥脆，內部鬆軟。

La Vieille France
ラ ヴィエイユ フランス

楓糖費南雪
（246 日圓）

紅茶費南雪
（246 日圓）

認為杏仁的香氣是菓子的生命來源，在自家店裡把香氣絕佳的西班牙產 Marcona 品種的杏仁去皮烘烤使用。有溫和甜味的楓糖口味，以及奢侈使用香氣絕佳的伯爵紅茶茶葉的紅茶口味 2 種。

W. Boléro
ドゥブルベ ボレロ

栗子費南雪
（240 日圓）

使用糖漬和膏狀的栗子，強調栗子風味，同時在杏仁粉裡面加入杏仁霜，強調杏仁的香氣。

Ryoura
リョウラ

堅果糖費南雪
（250 日圓）

焦糖費南雪
（223 日圓）

楓糖費南雪
（223 日圓）

抹茶費南雪
（223 日圓）

加入自家製的堅果糖，製作出宛如蛋糕般的濕潤感。因為圓形沒有邊角，所以不管吃哪邊，都能有鬆軟感受。

用長方形的模型烘烤，提高麵團密度，製作出濕潤口感。因為加了焦糖，含糖量較多，所以要注意避免烘烤過久。

使用楓糖製成的費南雪。表面酥鬆，內部濕潤，使用橢圓形的模型。

搭配京都・宇治抹茶的麵團，加入少量的杏桃醬，使抹茶的風味更加鮮明。

Florentine

法式焦糖杏仁脆餅

根據使用的堅果或乾果種類、焦糖的味道或焦化程度、麵團的厚度、烘烤的程度等發揮各種巧思，就能製作出各種不同的味道。通常都是烘烤一大塊，出爐後再分切。不過，也有脫模成圓形的店家。

Pâtisserie Rechercher
パティスリー ルシェルシェ

法式焦糖杏仁脆餅
（210 日圓）

加入杏仁，同時也使用蘭姆葡萄和糖漬香橙，使味道更加豐富。運用蘭姆酒，充滿焦糖香氣的菓子。

Ryoura
リョウラ

法式焦糖杏仁脆餅
（203 日圓）

芝麻焦糖杏仁脆餅
（203 日圓）

以輕盈口感為目標，使用酥餅作為基底。焦糖製成不會太硬的糖漿，不煮乾水分，提高焦糖與酥餅之間的整體感。另外，杏仁使用碎粒和片狀，使口感變化更加豐富。

Lilien Berg
リリエンベルグ

法式焦糖杏仁脆餅
（160 日圓）

把塔皮擀壓成薄片，烘烤出酥脆口感。使用略厚的杏仁片，讓杏仁的味道更加鮮明。

W. Boléro
ドゥブルベ ボレロ

法式焦糖杏仁脆餅
（240 日圓）

把預先焦化的焦糖，倒進確實烘烤完成的派皮裡面烘烤。整顆的大量堅果是關鍵。

巧克力焦糖杏仁脆餅
（220 日圓）

皮埃蒙特產的榛果裹上混了可可粉的焦糖，再搭配巧克力口味的塔皮，製作出微苦的味道。

胡桃焦糖杏仁脆餅
（220 日圓）

採購到風味絕佳的美國產胡桃而開始製作焦糖杏仁脆餅。撒上大量稍微烘烤過的核桃，香氣豐富。

Éclat des jours pâtisserie
エクラデジュール パティスリー

法式焦糖杏仁脆餅
（200 日圓）

杏仁片和乾果搭配使用，追求更豐富的風味。橘子的溫和香氣是關鍵。塔皮擀壓成 3mm 厚的薄度。

L' automne
ロートンヌ

摩納哥
（139 日圓）

日式的焦糖杏仁脆餅。在日式餅皮裡面倒進少許焦糖，烘烤出酥脆的口感。除了杏仁片之外，還有使用芝麻。

La Vieille France
ラ ヴィエイユ フランス

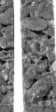

法式焦糖杏仁脆餅（320 日圓）

塔皮的厚度超過 1cm，焦糖和杏仁片的厚度只有 3～4mm，所以口感相當酥脆，越嚼越香。倒進焦糖之前，預先用 150℃的低溫確實半乾烤塔皮。最後使麵團的表皮和餡料的顏色呈現均勻的深色。

Maison de Petit four
メゾン ド プティフール

法式焦糖杏仁脆餅（181 日圓）

在擀壓成 5mm 厚度的塔皮上，倒進厚度與塔皮相同的杏仁片和焦糖，使帶有微苦焦糖味的杏仁片產生更濃厚的香氣。確實烘烤，直到麵團的內部呈現深色。

覆盆子費南雪／
Éclat des jours pâtisserie（エクラデジュール パティスリー）　中山洋平

Financier à la Framboise

擠入自家製覆盆子果粒果醬的費南雪。麵團裡面加了大量幾乎快焦化的奶油。因此，邊緣酥脆，內部則是相當濕潤的鬆軟口感。焦化奶油的風味和麵團裡的榛果也相當對味。

○ 材料（7cm×4.5cm×高度 1.5cm 的費南雪模型、55 個）

【焦化奶油（Beurre Noisette）】
奶油…適量
【覆盆子果粒果醬】
覆盆子（冷凍）…適量
鏡面果膠（市售）…適量
精白砂糖…適量

【費南雪】
A
　杏仁粉（帶皮）…240g
　榛果粉…80g
　中高筋麵粉（「LA TRADITION
　　FRANÇAISE」MINOTERIES
　　VIRON）…200g
　糖粉…600g
蛋白…420g
焦化奶油（左記）…560g
覆盆子果粒果醬（左記）…適量
杏仁碎粒（去皮、16 顆）…適量

焦化奶油

1

把奶油放進鍋裡，用大火加熱。

2

奶油開始融化後，用打蛋器不斷攪拌，進行焦化。

3

氣泡像照片那樣，呈現茶褐色之後，倒進隔著冰水的鋼盆裡面，用打蛋器攪拌冷卻。

覆盆子果粒果醬

1

把相同份量的覆盆子、鏡面果膠、精白砂糖放進鍋裡。用大火加熱，用打蛋器不斷的攪拌熬煮。

2

確實熬煮，覆盆子的顏色變深之後，就可以起鍋了。

3

起鍋的標準可透過濃稠程度判斷。把鋼盆放涼，在底部滴上數滴。用手指觸碰拉開時，只要產生些許拉絲的濃稠，就代表完成了。

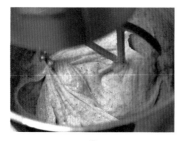

1

把 A 材料放進攪拌盆，加入蛋白。用低速的拌打器混合攪拌。蛋白以剛從冷藏庫拿出的冰涼狀態尤佳。

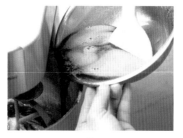

2

攪拌完成後，暫時停止拌打器，一口氣倒進約 50℃的焦化奶油，進一步用低速攪拌。

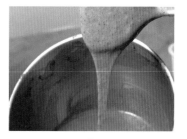

3

產生光澤，呈現柔滑狀態後，便可停止攪拌。

4

裝進擠花袋，擠進模型裡面，大約 7 分滿左右。用上火 200℃、下火 230℃的烤箱烘烤 7 分半鐘。

5

當麵團中央呈現半乾烤，略微凹陷的狀態後，從烤箱裡面取出。

6

把覆盆子果粒果醬裝進擠花袋，前端剪開 5mm 左右。在費南雪的中央擠出一直線。

7

撒上杏仁碎粒。

8

放回烤箱，進一步烘烤 13 分鐘。趁熱的時候，把抹刀插進模具邊緣，脫模後放在鐵網上冷卻。

POINT

焦化奶油容易沾鍋，所以要持續攪拌，一邊用大火加熱，使受熱均勻，避免燒焦。

POINT

果粒果醬如果用小火烹煮，就會使顏色變得暗沉。用大火短時間烹煮，就能烹煮出鮮豔的顏色。Éclat des Jours 除了覆盆子之外，黑木莓和藍莓也都是採用相同的製作方法。除了使用於燒菓子或生菓子之外，有時也會搭配奶油乳酪一起製作成法國麵包三明治。

POINT

蛋白使用剛從冷藏庫取出的蛋白，可省去恢復至常溫的時間，而焦化奶油（Beurre Noisette）則要預先加熱至 50℃，以避免麵團溫度下降太多。奶油溫度如果比 50℃ 更低，會導致麵團溫度過低，使奶油和麵團產生分離，無法製作出帶有光澤且柔滑的麵團。下料量較多時，採用比 50℃略高的溫度會比較好，但如果超過 60℃以上，蛋白就會受熱，所以要注意避免加熱過高。

Dacquoise à la Framboise

麵團和鮮奶油裡面都加了覆盆子的達克瓦茲。原本是母親節的限定商
品，但因為可愛的色調和華麗風味大受好評，而成了固定的產品。麵
團使用的蛋白同時用了生蛋白和蛋白粉 2 種，藉由確實打發，烘烤
出酥脆的口感。

○ 材料（長邊 6cm×短邊 4cm 的矽膠模、40 個）

【麵團】

蛋白…304g

蛋白粉…1.6g

精白砂糖…92g

紅色粉…適量

A*1

　　榛果的杏仁糖粉*2…274g

　　杏仁粉（去皮、

　　　西班牙產 Marcona 品種）…114g

　　低筋麵粉（「Organ」日東富士製粉）…20g

　　覆盆子粉…6g

純糖粉…適量

【覆盆子奶油醬】

奶油醬（從完成的份量中取 160g 使用）

　　水…60g

　　精白砂糖…200g

　　蛋白…100g

　　奶油（膏狀）…240g

覆盆子的甜露酒…40g

＊1：混合過篩備用。

＊2：把去皮後用滾輪搗碎的榛果粉 114g 和純糖粉 160g 混合，用滾輪磨碎。

麵團

1

把蛋白和蛋白粉混合，放進攪拌盆。用低速攪拌，切斷蛋筋後，切換成高速。攪拌至 5 分發之後，分 3～4 次加入精白砂糖混合。

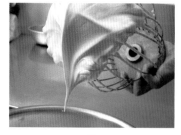

2

加入紅色粉持續攪拌，直到用攪拌器撈起後，呈現勾角挺立，且帶有光澤的柔滑狀態為止。如果打發過度，加入粉類材料時，就容易產生結塊，要多加注意。

3

加入 A 材料，用手攪拌直到粉末感完全消失為止。粉類材料容易沉底，所以要一邊從盆底把麵團往上撈，一邊快速的混合。

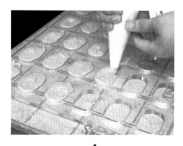

4

把烤盤墊鋪在作業台，放上矽膠模板。把步驟 3 的麵團放入裝有圓形花嘴（口徑 15mm）的擠花袋，擠進模型裡直到模型的邊緣。

5

把抹刀切斜平貼在麵團上面，將表面刮平。

6

慢慢將矽膠模往正上方拿起。

7

連同烤盤墊一起放到烤盤上。撒上純糖粉，放置 3～4 分鐘。

8

純糖粉如照片所示溶解消失後，再次輕撒上純糖粉，且直接放置，直到純糖粉完全溶解，看不見為止。

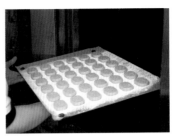

9

放進 180℃的熱對流烤箱，馬上把溫度調降成 150℃，烘烤 16～17 分鐘。出爐後，連同烤盤墊一起放在鐵網上冷卻。

覆盆子奶油醬

1

製作奶油醬。

①把水和精白砂糖放進鍋裡，持續加熱至 118～120℃為止。

②把蛋白放進攪拌盆，用低速的攪拌器攪拌。

③稍微打發後，改用高速。把步驟①的材料慢慢倒入。一邊打發，一邊冷卻至人體肌膚的溫度，加入奶油攪拌。

2

把奶油醬和覆盆子的甜露酒混合。

最後加工

1

把覆盆子奶油醬放入裝有圓形花嘴（口徑 15mm）的擠花袋裡面，擠出 5g 在 1 片餅乾的中央。

2

把餅乾重疊在步驟 1 的奶油上面，輕輕按壓餅乾，直到奶油擴散至餅乾的邊緣。

POINT

麵團裡面合併使用蛋筋強韌的生蛋白，以及蛋筋較弱的蛋白粉，藉此調整蛋筋的強度。質地適中的蛋白霜製作出酥脆口感。質地太過細膩或砂糖過多，口感就會變得濕潤，所以要多加注意。

POINT

麵團在烘烤前撒上過篩的純糖粉，使純糖粉溶解在其中，表面就會產生糖珠（宛如珍珠般的圓球狀糖結晶），產生酥脆的輕盈口感。如果撒太多，糖粉沒有完全溶解，表面就會有白色的糖粉殘留。

Visitandine

修女小蛋糕的故鄉——法國洛林地區出身的甜點師所傳授的食譜，再加上個人的風格與創意。搭配法國產和日本產的麵粉、發酵奶油、西西里島產杏仁等材料，製作出豐富的香氣。

○ 材料（口徑 7cm×高度 3cm 的模型、40 個）

【麵團】
蛋白…484g
蛋白粉…2.8g
A*
　精白砂糖…520g
　杏仁粉（去皮、西西里島產 Palma Girgenti 品
　　種）…260g
　低筋麵粉（「Izanami」近畿製粉）…164g
　中高筋麵粉（「LA TRADITION
　　FRANÇAISE」MINOTERIES
　　VIRON）…75g

發酵奶油（融化）…390g
杏仁白蘭地酒（Dover 洋酒貿易）…10g

＊：混合過篩，放進冷藏庫冷藏備用。

麵團

1
把蛋白和蛋白粉放進攪拌盆，用手持攪拌器攪拌均勻。

2
把攪拌盆安裝在桌上攪拌機上面，用攪拌器攪拌，打發至如照片所示的 6 分發。

3
把 A 材料放進另一個鋼盆，倒進步驟 2 的材料，用打蛋器粗略攪拌。

4
加入發酵奶油，用打蛋器攪拌至整體混合均勻為止。

5
加入杏仁白蘭地酒。在表面緊密覆蓋上保鮮膜，放進冷藏庫冷藏一晚。

6
放入裝有圓形花嘴的擠花袋，在模型裡塗抹發酵奶油（份量外）至模型的 7 分高。

7

使用湯匙的背部,把麵團撥到模型的邊緣。

8

放進預熱至 220℃ 的熱對流烤箱,馬上把溫度調降至 195℃,烘烤約 14 分鐘。

9

把鋪有烤盤墊的烤盤顛倒過來,脫模。

POINT

以前,買不到微苦感強烈的杏仁,曾考慮用其他杏仁代替,因而有了靠杏仁白蘭地酒來彌補微苦感的方法。「白蘭地的香氣濃醇而且容易使用」渡邊先生說。

POINT

材料和費南雪有點類似,但是,「是否打發蛋白的這一點則大不相同。另外,模型的差異也很大」(渡邊先生)。「用淺薄模型烘烤的費南雪,有點炸烤的感覺,而修女小蛋糕採用深厚的模型,所以能製作出鬆軟口感」。

Fromage cuillère

法式海綿蛋糕夾上奶油起司和甜點師奶油餡製成的奶油醬，冷凍販售。在解凍的期間，奶油醬的水分會轉移到手指餅乾上面，使口感更加濕潤。

○ 材料（60 個）

【奶油起司法式海綿蛋糕】

奶油起司

　（「NEW Whip Fromage」St Moret）…105g

精白砂糖…17g＋170g

蛋黃…80g

低筋麵粉…58g

牛乳…200g

奶油…81g

蛋白…400g

【奶油起司醬】

奶油起司

　（「NEW Whip Fromage」St Moret）…700g

精白砂糖…60g

甜點師奶油餡（省略解說）…156g

奶油起司法式海綿蛋糕

1

把奶油起司和精白砂糖（17g）放進鋼盆，一邊隔水加熱，一邊用攪拌刮刀攪拌。精白砂糖溶解，結塊消失，呈現柔滑狀態後，停止隔水加熱。

2

蛋黃放進鋼盆打散，倒進步驟1的鋼盆裡面，用攪拌刮刀攪拌。

3

加入低筋麵粉，用打蛋器確實搓磨攪拌。

4

牛乳和奶油混合煮沸，一口氣倒進步驟3的鋼盆裡，用打蛋器仔細攪拌。

5

隔水加熱，一邊攪拌，一邊加熱。呈現如照片所示的濃稠狀之後，停止隔水加熱。

6

把蛋白和精白砂糖（170g）倒進桌上型攪拌機，用中速的攪拌器打發至7分發。

讓切模沾上墨水，在大張的烘焙紙上，以一定間隔按壓出圓形標記。把這張紙鋪在矽膠墊的下方，作為麵團擠出的尺寸參考。只要使用墨水，就可以在短時間內轉印出模型的大小。

7

把步驟 6 的一半份量倒進步驟 5 的鋼盆裡，用攪拌刮刀劃切混合，避免壓破泡泡。

8

把步驟 6 剩下的材料加入，同樣用攪拌刮刀劃切攪拌。照片是攪拌完成的狀態。

9

把麵團放入裝有圓形花嘴（口徑 12mm）的擠花袋裡面，在鋪有矽膠墊的烤盤上面，擠出直徑 5cm、高 1.5～2cm 的圓形。

10

用上火 160℃、下火 100℃隔水烘烤 30～35 分鐘，用上火 180℃、下火 100℃烘烤 5 分鐘。

11

從烤盤上取下放涼，冷卻後再加工組合。

鮮奶油

1

用攪拌刮刀把奶油起司攪拌至柔滑狀態，加入精白砂糖攪拌。

2

加入甜點師奶油餡搓磨攪拌。

3

確實混合後就完成了。

組裝

1

在冷卻的 1 個餅乾上面擠上鮮奶油。

2

蓋上另 1 個餅乾，從上面輕輕按壓。用急速冷凍機冷凍，直接以冷凍的狀態進行販售。

POINT

蛋白如果打發過度，就會產生離水現象，要多加注意。

Amandine

法國朗格多克和普羅旺斯地區流傳的菓子「杏仁白鴿」再加點創意。
把杏仁包裹在加了杏仁粉的麵團外面，在裡面加上糖漬乾果，直接用
小型的模型烘烤出爐。

○ 材料（長邊 7cm×短邊 4.6cm×高度 1.5cm 的橢圓形模型、約 75 個）

杏仁糖泥（市售）…400g

白砂糖…180g

全蛋…420g

蛋黃…60g

A*

　│低筋麵粉（「Violet」日清製粉）…200g

　│泡打粉…2g

融化奶油…180g

杏仁碎粒（16 顆）…適量

洋酒糖漬乾果（p.101、碎末）…300g

糖粉…700g

蘭姆酒（NEGRITA 蘭姆酒）…350g

＊：混合過篩備用。

麵團

1

用微波爐把杏仁糖泥加熱軟化，放進攪拌盆。加入白砂糖，用低速的拌打器攪拌，呈現清爽的砂狀後，停止攪拌。

2

把全蛋和蛋黃放進鋼盆打散。一邊隔水加熱，一邊攪拌，加熱至人體肌膚程度的溫度。充分打發後過濾。

3

一邊用低速的拌打器攪拌步驟 1 的材料，一邊分次加入步驟 2 的材料。

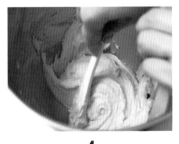

4

把沾黏在拌打器上面的麵團刮下來，加入一半份量的步驟 2 材料，攪拌至柔滑狀態。

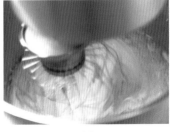

5

整體呈現柔滑狀態後，把拌打器換成攪拌器。用高速攪拌，分次加入步驟 2 剩下的材料，一口氣打發。

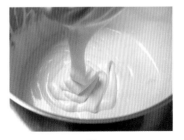

6

麵團滴下的狀態呈現緞帶狀，就可以移到鋼盆。

7

一邊用攪拌刮刀攪拌，一邊分次加入 A 材料。

8

加入加熱至 60～65℃的融化奶油，整體攪拌均勻。放入裝有圓形花嘴的擠花袋。

9

把融化奶油（份量外）塗抹在模型上面，鋪滿杏仁碎粒。擠入麵團，直到模型的一半高度。

10

分別放上 4g 的洋酒糖漬乾果，再擠入麵團，高度直到模型的邊緣。

11

用 165℃的熱對流烤箱烘烤 15 分鐘。

12

把糖粉和蘭姆酒放進鍋裡加熱，用打蛋器攪拌，讓糖粉溶解。

13

步驟 11 的麵團出爐後，趁熱把麵團脫模放在鐵網上，淋上大量步驟 12 的糖水。

POINT

雞蛋如果一次全部加入，就會造成結塊，所以要分次加入。一邊勤勞的把沾黏在拌打器上面的麵團刮下，一邊攪拌至柔滑程度後，用攪拌器一口氣打發。

POINT

之所以使用白砂糖，是為了製作出日本人偏愛的濕潤口感。對於需要在剛出爐的時候淋上糖水，藉此製作出濕潤口感的麵團，Ryoura 多半都是使用白砂糖。

Nonnette

在小巧圓形的香料蛋糕裡面加入果粒果醬，烘烤出爐後，在表面裹上糖衣的傳統菓子。勃艮第和第戎等地區的名產。糖衣飄散出的隱約佛手柑香氣、微酸的麵團、充滿果實味道的水果風味餘韻濃厚。

○ 材料（直徑 6cm 的圓形圈模、20 個）

【糖漬黑棗】

水…200g

精白砂糖…100g

蘭姆酒…10g

乾果（去籽，法國阿讓產）…200g

【麵團】

全蛋…40g

蜂蜜（薰衣草）…210g

融化奶油（「森永發酵奶油」森水乳業）*1…70g

牛乳…40g

初階糖…20g

A*2

中筋麵粉（「Chanteur」
　日東富士製粉）…140g

黑麥粉（「Brocken」太陽製粉）…40g

小蘇打粉…7g

肉桂粉…4g

丁香、白荳蔻、薑、肉豆蔻（全部都是粉狀）
　…各適量（各 1.5～2g 為標準）

【佛手柑糖衣】

翻糖…100g

水飴…60g

糖漿（比重 30°）…40g

佛手柑萃取液（「天然佛手柑萃取液」EURO
　VANILLE）…適量

*1：加熱至人體肌膚的溫度。

*2：混合過篩備用。

糖漬黑棗

把水和精白砂糖放進鍋裡加熱煮沸。把鍋子從火爐上移開，加入蘭姆酒、乾果。在室溫下放涼後，放進冷藏庫靜置一晚。照片是完成的狀態。

麵團

1

把全蛋放進鋼盆，用打蛋器打散。一邊攪拌，一邊倒進溫度至人體肌膚的蜂蜜。

2

用打蛋器攪拌步驟1的材料，一邊倒進融化奶油，一邊持續攪拌至柔滑的乳化狀。

3

加入牛乳攪拌，加入初階糖攪拌溶解。只要沒有結塊就 OK 了。

4

加入 A 材料，粗略攪拌。

5

倒入所有香料類的材料，用打蛋器搓磨攪拌。香料攪拌均勻後，改用攪拌刮刀，持續攪拌至麵團呈現均勻狀態。

6

把直徑 6cm、高 4cm 的圓形圈模排放在鋪有烘焙墊的烤盤上。用小刀把用濾網撈起瀝乾的乾果切成對半，每個圈模分別放進 1 塊。

7

把步驟 5 的麵團放入裝有圓形花嘴（口徑 18mm）的擠花袋，以畫圓的方式擠入麵團，把乾果隱藏在其中，高度約到模型的 1/5 左右。

8

用 180℃ 的烤箱烘烤 30 分鐘左右。直接在室溫下放涼。

9

把抹刀插進模型和麵團之間，繞一圈。

10

把麵團從模型上脫模。

佛手柑糖衣

1

把翻糖、水飴、糖漿放進鍋裡，用小火加熱。用調理拌匙持續攪拌加熱，直到材料呈現半透明且容易塗抹的硬度。以人體肌膚的溫度為標準。

2

加入佛手柑萃取液，用調理拌匙攪拌。

最後加工

1

用刷子把佛手柑糖衣塗抹在麵團上面，排放在烤盤上。

2

把日式烤盤（有高度的烤盤）翻面，再把步驟 1 的麵團連同烤盤一起放在日式烤盤上面，用 180℃ 的烤箱烘烤 2 分鐘，使糖衣乾燥。

Cake aux Fruits

計算出爐時，從洋酒糖漬乾果釋出的水分，採用較多的粉量確實
烘烤，製作出入口即化的輕盈口感。使用大量乾果的奢華裝飾，
提高視覺上的衝擊。

○ 材料（15.5cm×5cm×高度 4cm 的磅蛋糕模型、9 個）

【洋酒糖漬乾果】
（容易製作的份量）

蘇丹娜葡萄…816g

半乾杏桃…288g

半乾無花果…168g

李子（切成 5mm 丁塊狀）…168g

糖煮柑橘

　　（切成 5mm 丁塊狀）…168g

黑醋栗…96g

杏仁（帶皮、顆粒）…100g

榛果（半顆）…100g

核桃…90g

檸檬醬…12g

精白砂糖…144g

櫻桃酒…192g

伏特加…60g

蘭姆酒

　　（NEGRITA 蘭姆酒）…60g

【麵團】

奶油…308g

糖粉…271g

肉桂粉…7.7g

轉化糖漿（轉化糖）…33g

杏仁粉（去皮）…42g

全蛋…213g

蛋黃…71g

A*1

　低筋麵粉（「Violet」日清製粉）

　　…313g

　泡打粉…6.25g

洋酒糖漬乾果…左記取 754g

B*2

　櫻桃酒…80g

　蘭姆酒

　　（NEGRITA 蘭姆酒）…32g

　伏特加…26g

【最後加工】（每 1 個）

糖煮無花果乾*3（白、切片）…2 片

糖煮無花果乾*3（黑、切半）…2 個

紅酒煮黑棗*4（切半）…3 個

糖煮柑橘*5（1/4 切片）…2 片

半乾杏桃…3 片

榛果（切半）…2 個

杏仁（整顆）…1 個

開心果…1 個

杏果果粒果醬…適量

＊1：混合過篩備用。
＊2：混合備用。
＊3～5：製作方法相同。把切好的食材放進煮沸的糖漿裡面，再次沸騰後再持續熬煮 2～3 分鐘。＊3 的糖漿採用比重 30°的糖漿；＊4 混入橘子汁（450ml）和精白砂糖（500g）；＊5 混入紅酒（100ml）和精白砂糖（30g）。

洋酒糖漬乾果

1

蘇丹娜葡萄、半乾杏桃和半乾無花果，用煮沸的熱水烹煮軟化，瀝乾後，切成 5mm 丁塊狀。連同其他材料一起放進密封容器，在冷藏庫放置 3～4 個月。切成如照片所示的碎粒後使用。

讓乾果和堅果緊密的重疊，做出立體且漂亮的裝飾。

麵團

1

把奶油放進攪拌盆，用低速的拌打器攪拌。呈現如照片所示的膏狀後，加入糖粉，進一步攪拌。

2

一邊用低速攪拌，依序加入肉桂粉、轉化糖漿、杏仁粉，每次加入都要確實攪拌。照片是攪拌完成的狀態。

3

把全蛋和蛋黃混合，隔水加熱，一邊攪拌一邊加熱至人體肌膚的溫度後，過濾。

4

把 1/3 份量的步驟 3 材料加入步驟 2 的攪拌盆裡面，用低速攪拌。充分混合後，再次重複相同動作。

5

大約量取 2 大杯的 A 材料，加入步驟 4 的攪拌盆裡面，用低速攪拌。麵團均勻後，加入步驟 3 剩下的材料。

6

用低速攪拌，攪拌完成後，加入洋酒糖漬乾果。

7

用低速攪拌，直到乾果和麵團均勻混合。

8

倒入剩下的 A 材料。

9

用低速稍微攪拌，直到粉末如照片所示的均勻。

10

倒進鋼盆，用攪拌刮刀稍微攪拌混合，使麵團呈現均勻狀態。

11

裝進擠花袋，分別把 220g 擠進鋪有烘焙墊的模型裡。

12

抹平表面，用模型底部撞擊作業台 2～3 次，排出空氣。

13

用 155℃的熱對流烤箱烘烤 40 分鐘。出爐後，趁熱脫模，擺放在鐵網上面。

14

分別在表面抹上各 15g 的 B 材料。放涼後，用保鮮膜包裹，放進冷藏庫冷藏 3 天後，冷凍保存。

最後加工

把冷凍保存的蛋糕放到冷藏庫解凍。在表面塗抹杏果果粒果醬，裝飾上乾果和堅果。

Burgtheater Linzer Torte

城堡劇院麗緻塔使用薩赫蛋糕的碎屑和大量堅果的麵團，以及紅醋栗果粒果醬的內餡。食譜源自於修業地點「DEMEL」。鋪上糯米紙以避免果粒果醬滲入麵團，是為了製作出完美層次所構思出的手法。

⭕ 材料（直徑 18cm 的圓形模、2 個）

杏仁（帶皮）*1…225g

榛果*2…75g

A

　薩赫蛋糕的碎屑（省略解說）

　　…150g

　甜巧克力（「LEGATO」OPERA

　　／可可含量 56％）*3…75g

　可可粉*4…15g

　低筋麵粉（「Super Violet」

　　日清製粉）*5…125g

　肉桂粉*6…0.4g

　鹽巴…0.4g

發酵奶油…200g

奶油…150g

精白砂糖…160g

全蛋*7…2 個

蛋黃*8…1 個

糯米紙（直徑 9cm）…12 張

紅醋栗粒果醬*9…300g

杏仁、榛果、開心果*10…各適量

＊1、2：用 180〜190℃ 的烤箱烘烤 25〜30 分鐘，去掉變成黑色的堅果後量秤。變色的堅果會酸敗。

＊3：切碎備用。

＊4〜6：混合過篩備用。

＊7〜8：全蛋和蛋黃混合備用。

＊9：熬煮紅醋栗（冷凍、果醬、1kg）、精白砂糖（600g）、果膠（14g），使用甜度 70 度以上的成品。

＊10：使用稍微烘烤過的整顆杏仁、稍微搗碎的杏仁碎粒，以及稍微烘烤的杏仁片。榛果稍微烘烤後切成對半備用。堅果烘烤之後，如果有變成黑色的部分，就要將其去除。

1
杏仁和榛果切成碎末，和 A 材料混合備用。照片前方中央是切碎的堅果。

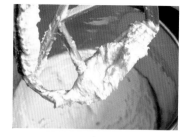

2
把發酵奶油和奶油放進攪拌盆，用中速的拌打器攪拌，精白砂糖分 2 次加入，每次加入就攪拌至溶解為止。

3
把全蛋和蛋黃混合，一邊分次加入，一邊用中速攪拌。倒進鋼盆。

4
把步驟 1 的材料倒入，用攪拌刮刀稍微攪拌。

5
整體混合完成，便可停止攪拌。

6
把步驟 5 的麵團放入裝有圓形花嘴（口徑 10mm）的擠花袋，在底部鋪有烤盤墊的模型裡面擠進 300g。鋪上 3 張糯米紙。

7

邊緣預留小於 1cm 左右的空間，擠進 150g 的紅醋栗果粒果醬。鋪上 3 張糯米紙。

8

再次擠進 300g 步驟 5 的麵團。

9

用切麵刀抹平表面。

10

裝飾上杏仁、榛果、開心果，用 160～170℃的烤箱烘烤約 35 分鐘。

用直徑 6cm 的鋁盒烘烤的小尺寸（260 日圓）。裝飾的堅果只有切碎的杏仁，最後再撒上糖粉。

POINT

麵團基底採用的 2 種堅果，為了增強其香氣風味，使用當天烘烤的種類。因為烘烤之後要混進麵團裡面，然後再進一步烘烤，所以利用烘烤階段誘出香氣的同時，也要避免烘烤過度。只要內部稍微染色就可以了。

POINT

由於麵團裡面使用了蛋糕碎屑和大量的堅果，所以出爐後不會變硬。因此，攪拌奶油和精白砂糖時，不需要打入大量的空氣。奶油一旦打發，就會過度膨脹，同時在烘烤之後大幅塌陷，所以要注意避免攪拌過度。

Terrine d´Automne

由巧克力、柑橘、香料 3 種麵團重疊而成的蛋糕。創意源自於法國
料理的陶罐。就跟『秋季陶罐』這個名稱一樣，採用糖漬栗子、包裹
焦糖的榛果等，讓人聯想到秋天的素材，製作出醇厚且奢侈的味道。

○ 材料（23cm×7.5cm×高度 6.5cm 的蛋糕模型、1 個）

【巧克力蛋糕】
奶油（膏狀）…45g
甜巧克力（「CONQUISTADOR」
　森永商事／可可含量 66%）*1
　…36g
純糖粉（過篩）…34g
轉化糖漿（轉化糖）…4g
全蛋…45g
鮮奶油（乳脂肪含量 35%）…18g
A*2
　低筋麵粉（「Enchanté」
　　日清製粉）…29g
　泡打粉…1g

【香橙焦糖蛋糕】
奶油（膏狀）…33g
白砂糖…26g
奶油（膏狀）…33g
白砂糖…26g
轉化糖漿（轉化糖）…3g
全蛋…25g

焦糖醬*3…12g
B*4
　低筋麵粉（「Enchanté」日清製
　　粉）…28g
　泡打粉…0.5g
糖漬柑橘*5…78g

【香料蛋糕】
奶油（膏狀）…58g
白砂糖…46g
轉化糖漿（轉化糖）…5.5g
全蛋…45g
焦糖色素…0.8g
C*6
　低筋麵粉（「Enchanté」日清製
　　粉）…49g
　泡打粉…0.8g
　肉桂粉…0.6g
　肉荳蔻粉…0.3g
　丁香粉…0.3g

【最後加工】
糖漬栗子（市售品）…適量
妃樂酥皮…適量
焦糖榛果*7…適量
黑棗（半乾）…適量
干邑橙酒…適量

＊1：溶解後，把溫度調整在 40℃左右。
＊2、4、6；分別混合過篩備用。
＊3：把精白砂糖（225g）和水飴（120g）
放進鍋裡加熱，整體呈現茶褐色之後，
加入煮沸的鮮奶油（乳脂肪含量 35%、
285g）、香草精（12g）、轉化糖漿
（120g）攪拌，過篩後，冷卻至常溫。
＊5：把市售品放進干邑橙酒（適量）浸漬
一星期左右，切成 3mm 丁塊狀。
＊7：把精白砂糖（225g）和少量的水放進
鍋裡，熬煮至 108℃，放進烘烤過的榛果
（去皮、1kg）攪拌。呈現茶褐色，產生光
澤之後，把鍋子從火爐上移開，混入奶油
（50g）。在塗有沙拉油（份量外）的烤盤
上攤平放涼。

巧克力蛋糕

1
把奶油放進鋼盆，加入溶解的巧克
力，用打蛋器攪拌，避免打入空
氣。

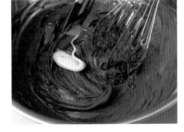

2
依序加入過篩的糖粉、轉化糖漿，
每次加入時搓磨攪拌。全蛋分 3
次加入攪拌，同時混入鮮奶油。

3
加入 A 材料，持續攪拌直到粉末
感消失為止。在中途改用切麵刀，
利用從鋼盆底部把麵團撈起的方式
混合攪拌。

香橙焦糖蛋糕

1
把奶油放進鋼盆，用打蛋器攪拌，
依序加入白砂糖、轉化糖漿，每次
加入時搓磨攪拌。全蛋分 3 次加
入攪拌。

2
混入焦糖醬攪拌，持續加入 B 材
料和糖漬柑橘混合攪拌。在中途改
用切麵刀，確實攪拌。

香料蛋糕

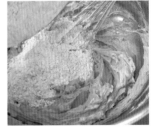

和香橙焦糖蛋糕的步驟 1 相同，把
材料混合攪拌。加入焦糖色素和
C 材料攪拌，再改用切麵刀，確
實攪拌。

1

在模型裡面噴上脫模油（份量外），鋪上烘焙紙。把巧克力蛋糕放入裝有圓形花嘴（口徑14mm）的擠花袋裡，擠出 200g 到模型裡面。

2

在麵團中央排放上一直線的糖漬栗子。

3

緊密重疊上妃樂酥皮。

4

利用與步驟 1 相同的要領，擠進200g 的香橙焦糖蛋糕。排放上焦糖榛果。再緊密重疊上妃樂酥皮。

5

利用與步驟 1 相同的要領，擠進200g 的香料蛋糕。在麵團中央排放上一直線的黑棗。放進冷藏庫冷藏 12 小時。

6

在蓋子的底部噴上脫模油，再貼上烘焙紙。把蓋子蓋在模型上面，用180℃烘烤 1 小時。拿掉蓋子，進一步烘烤 30 分鐘。

7

出爐後，馬上脫模，底部朝下放置在鐵網上，用噴灑器把干邑橙酒噴灑在上面和側面。

POINT

只要讓奶油、雞蛋、鮮奶油、巧克力等材料的溫度一致，就能更順利的乳化。為製作出具厚重感且濕潤的麵團，攪拌的時候，要用打蛋器搓磨攪拌，避免打入太多空氣。

POINT

在麵團和麵團之間夾入妃樂酥皮，就可以防止麵團在烘烤期間產生對流，烘烤出美麗的層次。使麵團之間緊密貼合，同時妃樂酥皮本身的口感也會消失，也是妃樂酥皮的優點。為避免麵團混合在一起，妃樂酥皮一定要緊密鋪上。

Bourjassotte

用帶有肉桂香氣的可可麵團，把紅酒熬煮的濃醇黑無花果（Viollette de sollies
品種）包裹在其中。創意來自於用香料麵團包著果醬烘烤的麗緻塔。因為無花
果和香料的味道十分契合，所以便產生了這個靈感。

○ 材料（22.5cm×7.6cm×高度 5cm 的波紋方形烤模、2 個）

【甘納許】
甜巧克力（「ECUADOR」KAOKA／
　可可含量 70%）…200g
牛乳…100g
鮮奶油（乳脂肪含量 35%）…100g

【紅酒煮黑無花果】
黑無花果（Viollette de sollies 品種）4kg
紅酒…適量
水…適量
精白砂糖…約 400g
柑橘…1/2 個
香草豆莢…1～2 支
肉桂棒…1～2 支

【麵團】
奶油（膏狀）…250g
A
　三溫糖…160g
　鹽巴…3g
全蛋…150g
B*
　低筋麵粉（「Super Violet」日清製粉）…128g
　榛果粉…50g
　可可粉…18g
　肉桂粉…10g
甘納許…左記取全量
紅酒煮黑無花果…左記取適量

＊：混合過篩備用。

甘納許

1
把所有材料放進鍋裡煮沸，溶解巧克力。用手持攪拌器攪拌，讓材料乳化，倒進鋼盆。

2
在表面緊密覆蓋保鮮膜，在常溫下放置一晚。

紅酒煮黑無花果

1
黑無花果去除蒂頭後，放進鍋裡。倒進幾乎快淹過黑無花果的紅酒和水（比例 2：1），加入精白砂糖、柑橘、香草豆莢、肉桂棒。

2
加入精白砂糖，用中火熬煮至水分收乾。在烹煮過程中，把變軟的柑橘取出。

3
連同湯汁一起攤放在烤盤上面，在 160℃的烤箱內放置 1 小時。中途取出數次，用湯匙撈取湯汁澆淋黑無花果。

最後加工

1
把奶油放進攪拌盆，用低速的拌打器攪拌，使硬度呈現均勻。把 A 材料混合後加入，用低速攪拌。

2
步驟 1 攪拌完成後，依序加入全蛋的 2/3 量、B 材料的 1/5 量、剩下的全蛋，每次加入就用低速攪拌。攪拌完成後，把剩下的 B 材料全部加入，用低速攪拌。

3
把步驟 2 的材料放入裝有圓形花嘴（口徑 9mm）的擠花袋。在鐵氟龍加工的波紋方形烤模的底部擠出 4 條垂直的條狀，在作業台上面拍打，使麵團服貼。

4

在步驟 3 擠出的麵團上面，進一步沿著模型的邊緣擠出麵團。為了讓稍後擠入的甘納許不容易流出，要讓花嘴緊貼，讓麵團和麵團更加緊密貼合。

5

把甘納許放入裝有圓形花嘴（口徑 9mm）的擠花袋，在步驟 4 的中央擠出 3 條條狀。讓花嘴稍微懸浮，宛如把甘納許放進麵團一般。

6

把紅酒煮黑無花果切成對半，緊密的排放在步驟 5 的甘納許上面。

7

宛如加上蓋子一般，在步驟 6 的上面擠上麵團。和步驟 4 一樣，貼近花嘴，讓麵團和麵團緊密貼合。

8

用湯匙的背部抹平表面。

9

用 160℃的熱對流烤箱烘烤 15 分鐘，把烤盤的前後方向對調，進一步烘烤 15 分鐘。

10

倒扣在矽膠墊上面，脫模後直接冷卻。

Régal Savoie

在修業地點法國上薩瓦省的「Patrick CHEVALLOT」所學習的燒菓子。蓬鬆的法式海綿蛋糕搭配大量的榛果。在酥脆的法式甜塔皮之間夾上覆盆子果粒果醬。使用上薩瓦省的特產品。

Bobes

加了大量奶油，口感酥鬆的法式甜塔皮，捲入葡萄乾、糖漬柑橘
的亞爾薩斯傳統菓子。上面鋪滿肉桂風味的糖粉奶油細末，增添
口感和香氣。

Régal Savoie

華麗薩瓦／
Éclat des jours pâtisserie（エクラデジュール パティスリー）　中山洋平

○ 材料（90 個）

【法式甜塔皮】
奶油…360g
杏仁粉（帶皮）…240g
全蛋…120g
A*
　低筋麵粉（「LA TRADITION
　　FRANÇAISE」MINOTERIES
　　VIRON）…600g
　糖粉…240g
　鹽巴…3g

【法式海綿蛋糕】
蛋白…300g
蛋白粉…12.5g
精白砂糖…250g
蛋黃…200g
低筋麵粉
　（「Violet」日清製粉）…175g
榛果粉…100g

【最後加工】
覆盆子果粒果醬（p.83）…800g
榛果（碎粒）…200g
糖粉…適量

＊：混合過篩備用。

○ 製作方法

【法式甜塔皮】
1
把奶油放進攪拌盆，用低速的拌打器攪拌至沒有結塊的柔滑狀態。

2
加入杏仁粉，用低速攪拌。

3
攪拌至均勻狀態後，依序加入全蛋和 A 材料，每次加入就用低速確實攪拌。

4
用塑膠袋包起來，調整成厚度可以放進壓片機的正方形，放進冷藏庫冷藏一晚。

5
隔天早上，放進壓片機擀壓成厚度 3mm。

6
用 60cm×40cm 的方形模壓模。連同方形模一起放在烤盤上，放進 160℃的熱對流烤箱裡面，烘烤約 14 分鐘，直到表面呈現淡焦色。放在鐵網上冷卻。

【法式海綿蛋糕】
1
把蛋白、蛋白粉、精白砂糖放進攪拌盆，用高速確實打發，製作出勾角挺立的蛋白霜。

2
拿掉攪拌器，加入打散的蛋黃。用攪拌刮刀粗略攪拌。

3
攪拌成大理石狀之後，加入混合過篩的低筋麵粉和榛果粉，用攪拌刮刀切割攪拌，直到粉末感消失為止。

【最後加工】
1
把覆盆子果粒果醬薄塗在法式甜塔皮上面。

2
把法式海綿蛋糕的麵團倒在步驟 1 的果粒果醬上面，攤平表面。撒上滿滿的榛果，再撒上糖粉。

3
用上火 200℃、下火 170℃的烤箱烘烤 40 分鐘。從烤盤上面取下，在鐵網上放涼，分切成 3.5cm×6cm 的大小。

POINT

製作法式海綿蛋糕，在蛋白霜加入蛋黃或粉末類材料時，只要粗略地切割攪拌，避免壓破氣泡，就能製作出鬆軟的麵團。

Bobes

波貝司／La Vieille France（ラ ヴィエイユ フランス）　木村成克

○ 材料（18 個）

【法式甜塔皮】

（從成品中取 1kg 使用）

發酵奶油⋯283g

純糖粉⋯142g

全蛋⋯113g

A*1

　低筋麵粉（「Organ」日東富士

　　製粉）⋯283g

　卡士達粉⋯170g

　泡打粉⋯6.8g

　鹽巴⋯1.2g

【肉桂糖粉奶油細末】

（從成品中取 180g 使用）

發酵奶油（膏狀）⋯200g

鹽巴⋯3g

純糖粉⋯160g

B*2

　低筋麵粉（「Organ」日東富士

　　製粉）⋯333g

　肉桂粉⋯6.6g

【最後加工】

葡萄乾⋯740g

核桃⋯300g

杏仁（帶皮、16 顆、西班牙產

　Marcona 品種）⋯300g

砂糖漬柑橘

　（5mm 丁塊狀）⋯150g

杏仁糖泥（用水稀釋）*3⋯180g

＊1、2：分別混合過篩備用。

＊3：杏仁糖泥 1kg 用低速的拌打器攪拌軟化，逐次加入水 230～250g 稀釋。

○ 製作方法

【法式甜塔皮】

1

把發酵奶油和純糖粉放進攪拌盆，用低速的拌打器攪拌。

2

攪拌完成後，把打散的全蛋分成 3～4 次加入攪拌。

3

一口氣加入 A 材料攪拌。

4

粉末感消失，集結成團後，調整成正方形，放進壓片機擀壓成厚度 3～4cm。放進冷藏庫冷藏一晚。

【肉桂糖粉奶油細末】

1

把發酵奶油放進攪拌盆，用低速的拌打器攪拌，加入鹽巴攪拌。

2

加入純糖粉攪拌。

3

加入 B 材料，攪拌至粉末感消失，集結成團。放進絞肉機，再用手搓散，製作成 8mm 的顆粒狀。如果沒有絞肉機，就用網眼略粗的過篩器過篩。

4

冷凍保存，在冷凍狀態下使用。可保存 1 個月。

【最後加工】

1

把法式甜塔皮分成 4 等分。

2

用壓片機分別擀壓成 29cm ×59cm，厚度 4mm。在冷藏庫放置 30 分鐘以上，變硬後，取出。

3

把葡萄乾、核桃、杏仁、砂糖漬柑橘攪拌。

4

在步驟 2 的表面塗抹用水稀釋的杏仁糖泥，撒上步驟 3 的材料，從前面開始捲起。

5

放進急速冷凍機 1 小時左右，麵團變硬後，切成寬度 3cm。

6

在表面塗抹蛋液（份量外），放上肉桂糖粉奶油細末，用手輕輕按壓，使其緊密貼合。

7

排放在烤盤上面，用 200℃的熱對流烤箱烘烤 10 分鐘，切換成 170℃，進一步烘烤 50 分鐘。在鐵網上放涼，冷卻後，撒上純糖粉（份量外）。

POINT

麵團要在擀壓前確實冷卻，使麵團變硬。因為是奶油較多且柔軟的麵團，所以如果不加以冷卻，麵團就會過軟，不容易捲出漂亮的形狀。

Dacquoise

拘泥於麵團口感和鮮奶油的味道，所製作而成的達克瓦茲。麵團的表面酥脆、輕盈，內部卻十分鬆軟。強烈對比的口感十分受歡迎。夾在其中的鮮奶油由自家製堅果糖和奶油霜混合製成。自家製堅果糖的濃純香氣是美味的關鍵。

Engadiner Torte

恩加丁核桃派用酥餅麵團夾著核桃焦糖，是瑞士恩加丁地區的知
名甜點。原本是烘烤成較大尺寸的塔，然後再進一步分切，這裡
則是用酥餅麵團包裹焦糖，用小型的模型進行烘烤。焦糖滲入的
麵團味道十分濃純。

Dacquoise

達克瓦茲／L'automne（ロートンヌ）　神田広達

⭕ 材料（70 個）

【麵團】

杏仁粉（帶皮）…300g

糖粉…300g＋適量

低筋麵粉…50g

蛋白…500g

蛋白粉…15g

精白砂糖…150g

【鮮奶油】

義式蛋白霜

　精白砂糖…70g

　水…20g

　蛋白…46g

奶油…180g＋100g

炸彈麵糊

　加糖蛋黃

　　（20%加糖、凍結）…11g

　精白砂糖…19g

　水…9g

自家製堅果糖＊…200g

＊：把精白砂糖（400g）和其 1/3 量的水放在一起加熱，製作糖漿。把杏仁（200g）、榛果（200g）一起放進鍋裡，用中火攪拌加熱。糖漿產生顏色，呈現焦糖狀之後，把鍋子從火爐上移開，放涼，放進食物攪拌機攪拌成膏狀。

⭕ 製作方法

【麵團】

1

把杏仁粉、糖粉（300g）、低筋麵粉混合過篩。

2

把蛋白、蛋白粉、精白砂糖放進攪拌盆，用中高速的攪拌器打發至 9〜10 分發。

3

倒進鋼盆，同時把步驟 1 的材料倒入，用攪拌刮刀劃切攪拌。

4

確實攪拌後，放入裝有圓形花嘴（口徑 12mm）的擠花袋，擠在達克瓦茲用的矽膠模板裡面。用抹刀抹平表面，刮除多餘的麵團。

5

拿掉模板，撒上糖粉（適量），約放置 5 分鐘。糖粉溶解後，再次撒上糖粉，進一步放置 5 分鐘。

6

用 170℃的烤箱烘烤 14 分鐘，從烤盤上取下，放在鐵網上冷卻。

【鮮奶油】

1

製作義式蛋白霜。

　①把精白砂糖和水放在一起煮沸，加熱至 118℃。

　②把步驟①的糖漿和蛋白放進攪拌盆，用高速的攪拌器打發至 10 分發。

2

義式蛋白霜放涼後，加入奶油（180g），用高速打發，確實打入空氣。

3

製作炸彈麵糊。

　①把所有材料放進攪拌盆，用小火直接加熱或是隔水加熱，加熱至 83℃。

　②用高速的攪拌器打發。

4

炸彈麵糊放涼後，加入奶油（100g），用高速攪拌，確實打入空氣。

5

把步驟 2 的材料和自家製堅果糖加進步驟 4 的炸彈麵糊裡面，用高速的攪拌器確實混合攪拌。

【最後加工】

在 1 片餅乾上面擠出 8〜9g 的鮮奶油，再用另一片餅乾夾住。

POINT

把麵團倒進模型後，只要篩撒的糖粉量可以在 5 分鐘內溶解，便是最恰當的用量。

POINT

把麵團裝進模型裡面的時候，要盡量避免接觸到麵團。如果經常碰觸到麵團，就會使氣泡減少，麵團就無法膨脹出完美的形狀。

Engadiner Torte

恩加丁核桃派／Lilien Berg（リリエンベルグ）　横溝春雄

O 材料（7cm×4.5cm×高度 1.7cm 的橢圓模型、15～18 個）

【酥餅麵團】

奶油…170g
酥油…30g
精白砂糖…100g
香草精…適量
全蛋…1/2 個
A*
　低筋麵粉（「Super Violet」日
　　清製粉）…300g
　泡打粉…3g

【恩加丁核桃派內餡】

B
　鮮奶油（乳脂肪含量 45%）
　　…50g
　蜂蜜…75g
　水飴…12g
　奶油…20g
　精白砂糖…50g
香草豆莢…1/2 支
核桃…110g

＊：混合過篩，放進冷藏庫冷藏備用。

POINT

熬煮恩加丁核桃派內餡的時候，把所有材料混在一起之後，不要攪拌。如果攪拌，就會產生結晶化，無法形成柔滑的狀態。

O 製作方法

【酥餅麵團】

1
把奶油、酥油、精白砂糖、香草精放進鋼盆，用打蛋器搓磨攪拌。

2
把全蛋打散，一邊分次加進步驟 1 的鋼盆裡面，一邊搓磨攪拌，確實拌勻。

3
加入 A 材料，用攪拌刮刀切割攪拌。集結成團後，裝進塑膠袋，在冷藏庫冷藏 3 小時。

【恩加丁核桃派內餡】

1
把 B 材料放進鍋裡，加入從香草豆莢裡面刮下的種籽。加熱攪拌，使奶油溶解，奶油溶解後，停止攪拌，熬煮收乾水分。

2
夏天 120℃；冬天達到 118℃後，把鍋子從火爐上移開，鍋底隔著冰水冷卻。

3
核桃切碎放進鋼盆，把步驟 2 的材料倒入攪拌。放進冷藏庫冷卻，使材料變硬。

POINT

如果採用大塊烘烤後再分切的製作方法，在夏天的時候，內餡就會滴垂，從剖面流出。完整包覆核桃，不僅可以全年販售，同時也更適合個別包裝。

【最後加工】

1
把冷卻的恩加丁核桃派內餡放在調理台上滾動，撻成直徑 4.5cm 的棒狀。用保鮮膜緊密包覆，輕壓塑形成橢圓形，放進冷藏庫冷藏 30～1 小時，使其變硬。

2
把步驟 1 的恩加丁核桃派內餡切成 1cm 寬。

3
酥餅麵團每 500g 分成一團，　壓成厚度 6mm。

4
排列橢圓模型，放上步驟 3 的麵團。滾動撻麵棍，去除麵團，用手指按壓麵團，讓麵團確實遍佈到模型的各個角落。

5
把步驟 2 的內餡放進步驟 4 的模型裡面。

6
把剩餘的酥餅麵團和步驟 4 剩餘的麵團混在一起，撻壓成厚度 4mm。

7
把步驟 5 的模型排列在一起，把步驟 6 的麵團放在上面。滾動撻麵棍，去除麵團，從上面按壓，讓上下方的麵團緊密貼合。

8
塗上蛋液（份量外），乾了之後再次塗抹。

9
用 170℃的烤箱烘烤 30～40 分鐘。

POINT

加工的蛋黃塗抹二次，製作出較厚的蛋黃塗層。如果不這麼做，麵團的表面就會在烘烤期間產生龜裂。

Florentine

使用大量的烘烤堅果，把堅果的味道和口感發揮到最大極限。為了讓焦糖
充分包裹堅果，焦糖要預先焦化熬煮。為了在最終的烘烤達到最佳狀態，
麵團的空烤狀態和牛軋糖的焦化程度是最重要的關鍵。

Petit Citron

夏季限定，檸檬風味的迷你蛋糕。春天櫻花、秋天栗子，依照季節改變使
用的素材。搭配鮮奶油和奶油的麵團鬆軟、濕潤、入口即化。麵團的甜味
和微酸的檸檬覆面糖衣所激盪出的鮮味對比，正是這個菓子的醍醐味。

Florentine

法式焦糖杏仁脆餅／W. Boléro（ドゥブルベ ボレロ）　渡邊雄二

○ 材料（直徑 5cm×深度 1.5cm 的矽膠模型、100 個）

【法式甜塔皮】
發酵奶油…300g
純糖粉…190g
白松露海鹽（細粒）…3.5g
香草糖…6g
粗粒杏仁粉（去皮）*1…60g
全蛋…138.6g
A*2
　低筋麵粉（「ECRTTURE」
　　日清製粉）…250g
　低筋麵粉（「Izanami」
　　近畿製粉）…250g

【牛軋糖】
鮮奶油（乳脂肪含量 47%）
　…380g
發酵奶油（融化）…150g
蜂蜜…65g
水飴…120g
精白砂糖…400g
核桃*3…160g
杏仁（帶皮、整顆）*4…160g
開心果*5…150g
榛果碎粒*6…110g

＊1：使用西西里島產的 Palma Girgenti 品種。
＊2：混合過篩備用。
＊3：烘烤至隱約上色的程度後，切成對半備用。
＊4：使用西西里島產的 Palma Girgenti 品種。放進 100℃～120℃的熱對流烤箱烘烤 1 小時，乾燥後，改成 150℃，烘烤至內部呈現淡褐色。
＊5：隔水加熱後，用 90℃的熱對流烤箱烤乾。
＊6：烘烤至稍微上色的程度後，切碎備用。

○ 製作方法

【法式甜塔皮】

1
把發酵奶油、純糖粉、白松露海鹽、香草糖放進攪拌盆，用低速的拌打器，一邊注意避免打進太多空氣，一邊持續攪拌至均勻狀態。

2
加入杏仁粉，用低速攪拌。呈現均勻狀態後，把全蛋分 3 次加入，每次加入就用低速攪拌。在雞蛋還沒有完全混合均勻的時候，關閉攪拌機。

3
加入 A 材料，用低速攪拌，避免搓揉過久。

4
在調理盤鋪上塑膠模，把步驟 3 的材料倒入。擀壓成厚度 1cm 後，用塑膠膜包起來，在冷藏庫放置一晚。

5
撕掉塑膠膜，用壓片機擀壓成厚度 2mm。用直徑 5cm 的圓筒模壓模。

6
把步驟 5 的塔皮排放在鐵製的烤盤上。放進預熱至 190～200℃的熱對流烤箱，馬上把溫度調降成 155℃，烘烤至內部熟透。直接在烤盤上放涼。

【牛軋糖】

1
把鮮奶油、發酵奶油、蜂蜜放進鍋子，煮沸後放涼。

2
把水飴放進另一個鍋子，用小火加熱，分次加入精白砂糖，使精白砂糖溶解，同時注意避免產生焦色。

3
步驟 2 的精白砂糖全部溶解之後，改用大火，進行焦化。

4
把步驟 1 的材料倒進步驟 3 的鍋子裡，溫度達到 108℃後，加入堅果類的材料，裹上糖衣。

5
趁熱的時候，在直徑 5cm 的矽膠模裡放進 15g，再放入冷凍庫冷凍。

【最後加工】

1
用直徑 5cm 的圓筒模把法式甜塔皮壓成圓形，鋪在直徑 5cm 的矽膠模的底部，重疊上冷凍的牛軋糖。

2
放進預熱至 190～200℃的烤箱，馬上把溫度調降成 155℃，烘烤 7 分鐘。

POINT

堅果很大，所以很難均勻攤放在麵團上面。因此，要預先利用熬煮的焦糖包裹堅果，然後再放進與法式甜塔皮相同大小的圓形模型裡面冷凍。之後再把凝固的堅果放在法式甜塔皮上面烘烤。如果堅果太大或是焦糖太硬，吃起來就會不太方便，所以硬度的調整相當重要。只要在焦糖達到 108℃的時候加入堅果，就可以製作出最佳的硬度。

Petit Citron

迷你檸檬奶油／Ryoura（リョウラ）　菅又亮輔

○ 材料（直徑 6cm 的
　　半球狀矽膠模型、50 個）

全蛋…316g

精白砂糖…440g

鮮奶油（乳脂肪含量 35%）
　　…186g

蘭姆酒（白）…38g

砂糖漬檸檬皮（切碎成 5mm
　　丁塊狀）…158g

奶油（膏狀）…126g

A*

　低筋麵粉（「Violet」
　　日清製粉）…216g

　高筋麵粉（「CAMELLIA」
　　日清製粉）…86g

　鹽之花…0.2g

　泡打粉…12g

【最後加工】

檸檬糖漿

　檸檬汁…20g

　糖漿（比重 30 度）…84g

　水…16g

檸檬的覆面糖衣

　糖粉…210g

　檸檬汁…50g

　檸檬濃縮果汁…5g

＊：混合過篩備用。

○ 製作方法

【麵團】

1

把全蛋和精白砂糖放進攪拌盆，用小火直接加熱或隔水加熱至人體肌膚的溫度。裝在攪拌機上面，用低速的拌打器打發至隱約變白。

2

把鮮奶油、蘭姆酒、糖漬檸檬皮放進鍋裡，加熱至 40℃。

3

把奶油放進步驟 1 的攪拌盆，用低速攪拌混合。加入步驟 2 的材料後，進一步攪拌。

4

加入 A 材料，攪拌混合直到粉末感消失為止。

5

分別把 30～32g 倒進模型裡面，用155℃的熱對流烤箱烘烤 24 分鐘。

【最後加工】

1

把檸檬汁、糖漿、水放在一起加熱至40℃，製作成檸檬糖漿。

2

麵團出爐後，趁熱沾上檸檬糖漿。冷卻後放進冷凍庫，冷凍後脫模。

3

把檸檬的覆面糖衣的材料混合攪拌，淋在步驟 2 的麵團上面。

POINT

沾上糖漿，放進冷凍庫冷凍後，就可以完美的脫模。

用檸檬黃的薄紙鋪底，放進塑膠袋，包裝成三角錐形販售。採用也可直接當成小禮品的可愛包裝。春天的櫻花口味會使用淡桃色的薄紙；秋天的栗子口味則會改用淡茶色。

Goûter Coco

加入大量椰子，口感酥鬆的常溫蛋糕。讓椰子吸收麵團的水分，在麵團呈現黏性的狀態下進行烘烤。內餡同時搭配與椰子十分對味的巧克力。

AMOR 玉米糕（玉米粉製成的蛋糕）／
L'atelier MOTOZO（ラトリエ モトゾー）　藤田統三

Amor Polenta

用北義大利過去的主食玉米粉製成的奶油蛋糕。因為使用加了香料的甜露酒
「Strega」，而使麵團變成鮮豔的黃色，同時也增添了香氣。鬆軟、濕潤的
麵團，和香氣十足、口感彈牙的玉米，形成有趣的對比。

Goûter Coco

椰香小餅／Éclat des jours pâtisserie（エクラデジュール パティスリー）　中山洋平

⭘ 材料（直徑 6cm 的半球狀矽膠模型、32 個）

全蛋…340g

精白砂糖…285g

轉化糖漿（轉化糖）…225g

椰子細粉…360g

牛乳…340g

融化奶油…280g

A*1

| 低筋麵粉（「Violet」日清製粉）…225g

| 泡打粉…12g

巧克力糖霜*2…適量

＊1：混合過篩備用。

＊2：把鮮奶油（乳脂肪含量 35%）、精白砂糖（200g）、水飴（180g）、水（250g）放進鍋裡煮沸，加入巧克力（可可含量 66%、520g）。巧克力混合後，把鍋子從火爐上移開，在常溫下冷卻。

⭘ 製作方法

1

把全蛋、精白砂糖、轉化糖漿、椰子細粉放進攪拌盆，用低速的拌打器攪拌。

2

加入牛乳和融化奶油，用低速攪拌。

3

加入 A 材料，用低速攪拌。

4

在常溫下放置 1 小時左右。

5

椰子粉吸收水分，麵團產生黏性，凝聚成團後，放入裝有圓形花嘴（口徑 10mm）的擠花袋，擠入至模型高度的 1/3。

6

加入 1 大匙左右的巧克力糖霜，麵團擠入至模型高度的 7 分高左右。

7

用上火 200℃、下火 170℃的烤箱烘烤 24 分鐘。

POINT

如果沒有遵守攪拌的順序，就容易產生結塊。另外，麵團攪拌完成後，要等椰子細粉確實吸收水分之後，再進行烘烤。

Amor Polenta

AMOR 玉米糕（玉米粉製成的蛋糕）／
L'atelier MOTOZO（ラトリエ モトゾー）　藤田統三

○ 材料（長度 30cm
　　的波紋方形烤模*1、4 個）

奶油（軟化備用）…500g
糖粉（過篩）…500g
鹽巴…1g
全蛋 300g
蛋黃…250g
玉米粉（粗磨）…400g＋適量
A*2
　麵粉（00 粉）…300g
　泡打粉…5g
　香草粉…0.5g
Strega*3…100g

＊1：波浪凹凸造型的模型。使用半圓柱狀。
＊2：混合過篩備用。
＊3：用番紅花染色，添加香草和香料的黃色
甜露酒。

POINT

大量的雞蛋混合麵團時會產生分離，
但是當加入玉米粉時，水分會被吸
收，而使麵團集結成團。

○ 製作方法

1
在波紋方形烤模上面塗抹清澄奶油（份量
外），抹上玉米粉（適量）。

2
把軟化的奶油、糖粉、鹽巴放進攪拌盆，
用低速的拌打器攪拌。攪拌完成後，改用
高速，持續攪拌直到呈現白色為止。

3
把全蛋和蛋黃混合在一起，一邊分次倒
進步驟 2 的攪拌盆裡面，一邊用低速攪
拌。約加入 8 成之後，把所有的玉米粉
（400g）倒入，用低速攪拌。粉末感變
得均勻後，加入剩下的蛋液，用低速攪
拌。

4
拿掉攪拌器，加入 A 材料，用攪拌刮刀
粗略撈取攪拌，直到沒有粉末感為止。

5
沿著攪拌刮刀倒入 Strega，輕微攪拌。

6
倒進步驟 1 的模型裡面，用 180℃的烤箱
烘烤 35～40 分鐘。

7
在放入模型裡的狀態下，直接放置在常溫
5～10 分鐘左右，朝垂直方向晃動模型
數次後，脫模。平坦面朝下，在鐵網上放
涼。

8
把切成細長方形的烤盤紙鋪在中央，撒上
糖粉，拿掉烤盤紙。

Madeleine au Sakura

用較深的模型烘烤出濕潤口感的春季限定瑪德蓮。把鹽漬櫻花葉切成碎末混進麵團裡面，出爐後再裝飾上糖漬櫻花。商品名稱是因為「膨脹的形狀會讓人聯想到小豬的手」（横溝先生）。

迷你瑪德蓮／
La Vieille France（ラ ヴィエイユ フランス）
木村成克

Petite Madeleine

以法國常見的材料為基底，加上杏仁糖泥、海藻糖和轉化糖漿，製作成日本人偏愛的濕潤口感。確實承襲中央膨脹形成『肚臍』的正統法式風格。

熱內亞麵包／
Blondir（ブロンディール）　藤原和彥

Pain de Gênes

以在嘴裡擴散的濃郁杏仁風味，和濕潤輕盈口感為特色的傳統菓子。在帶有微苦感的杏仁糊加入雞蛋和奶油，打入大量空氣後再烘烤，製作出輕盈且入口即化的口感。蘭姆酒的香氣增添華麗風味。

Madeleine au Sakura

小豬瑪德蓮 櫻／
Lilien Berg（リリエンベルグ） 橫溝春雄

○ 材料（長邊 7cm×短邊 6cm×高
　度 3cm 的瑪德蓮模型、23 個）

鹽漬櫻花葉…6 片	低筋麵粉（「Super
發酵奶油…100g	Violet」日清製粉）
奶油…100g	…240g
精白砂糖…240g	紅花油…40g
泡打粉…3.6g	糖漬櫻花…2、3 個
全蛋…4 個	霜飾（省略解說）…適量
香草精…適量	

○ 製作方法

1
鹽漬櫻花葉用溫水一片片清洗，去除鹽味。用紙擦乾，去除葉芯後，切成碎末。

2
把發酵奶油、奶油、精白砂糖、泡打粉放進鋼盆，用打蛋器搓磨攪拌。

3
呈現白色、產生黏性後，分次加入打散的全蛋，每次加入就用打蛋器充分搓磨攪拌。中途，加入香草精混合攪拌。

4
加入低筋麵粉，用攪拌刮刀粗略切割攪拌。

5
粉末感消失後，加入紅花油和步驟 1 的櫻花葉碎末，用攪拌刮刀攪拌混合。

6
放入裝有圓形花嘴（口徑 15mm）的擠花袋，分別在模型裡擠出 36g。

7
用噴霧器在表面噴水（份量外），用 170℃的熱對流烤箱烘烤約 20 分鐘。

8
出爐後，脫模，放在鐵網上冷卻。冷卻後，用霜飾貼上糖漬櫻花。

Petite Madeleine

迷你瑪德蓮／La Vieille France
（ラ ヴィエイユ フランス） 木村成克

○ 材料（長邊 4cm×短邊 3cm 的瑪德蓮模型、530 個）

全蛋…725g	檸檬皮（磨碎）…2.5 個
蛋黃…175g	鹽巴…5g
精白砂糖…725g	A*
海藻糖…150g	低筋麵粉（「Organ」
杏仁糖泥…500g	日東富士製粉）…
轉化糖漿（轉化糖）…125g	900g
蜂蜜…125g	泡打粉…20g
檸檬醬（HEINRICH	發酵奶油…1kg
KAROW）…50g	

＊：混合過篩備用。

○ 製作方法

1
把全蛋和蛋黃放進鋼盆打散，加入精白砂糖和海藻糖，充分攪拌。

2
用食物調理機攪拌杏仁糖泥，分次加入步驟 1 的材料，充分攪拌，避免結塊。

3
加入轉化糖漿、蜂蜜、檸檬醬、檸檬皮、鹽巴混合攪拌。

4
把步驟 3 的材料倒進鋼盆，分 3～4 次加入 A 材料，每次加入就用攪拌刮刀粗略混合攪拌。

5
在放進鋼盆的狀態下集結成團，表面覆蓋上塑膠膜，在蔭涼的場所（13～18℃左右）放置一個晚上。

6
鋼盆用小火直接加熱或隔水加熱，一邊用手攪拌麵團，達到人體肌膚的溫度後，停止攪拌。加入溫度加熱至與隔水加熱的溫度差不多的發酵奶油，混合攪拌。

7
放入裝有圓形花嘴（口徑 6mm）的擠花袋，分別在模型裡擠出 8.5g。

8
放進 190℃的熱對流烤箱，把溫度調降至 160℃，烘烤約 10～11 分鐘。

Pain de Gênes

熱內亞麵包／Blondir（ブロンディール）　藤原和彥

○ 材料（直徑 6.5cm×高度 2cm 的圓
　　形模型、30 個）

杏仁片…適量
杏仁糊（「MONA 生杏仁霜」
　　KONDIMA）…300g
全蛋…300g（約 5 個）
糖粉…130g
A*1
　├ 中筋麵粉（「Chanteur」
　│　日東富士製粉）…60g
　└ 泡打粉…4g
融化奶油（「森永發酵奶油」森永乳業）
　　*2…130g
蘭姆酒…25g

＊1：混合過篩備用。
＊2：加溫備用。

: POINT
: 一旦粉末感消失，攪拌過度，氣泡
: 就會破碎，導致出爐的口感變硬，
: 所以要多加注意，只要粗略混合即
: 可。

○ 製作方法

1
把膏狀的發酵奶油塗抹在模型的內側，抹上高筋麵粉（皆為份量外）。預先在底部的中央放進數片杏仁片。

2
把杏仁糊放進攪拌盆，用高速的拌打器開始攪拌。馬上加入 1～2 個全蛋，攪拌至柔滑狀態。

3
加入糖粉，確實攪拌，打入空氣。暫時從攪拌機上卸下，把沾黏在攪拌盆或拌打器上面的麵團刮下。

4
再次把攪拌盆裝回攪拌機，用高速的拌打器攪拌。分次加入 1～2 個剩下的全蛋。每次加入時，打入空氣，攪拌至呈現隱約的白色。

5
把沾黏在攪拌盆和拌打器上面的麵團刮下，再次把攪拌盆裝回攪拌機。用低速的拌打器攪拌，接著依序加入 A 材料、融化奶油、蘭姆酒，混合攪拌。

6
把攪拌盆從攪拌機上卸下，用切麵刀攪拌均勻。

7
把步驟 6 的麵團放入裝有圓形花嘴（口徑18mm）的擠花袋，擠進步驟 1 的模型，約至模型的一半高度。

8
把步驟 7 的模型排放在烤盤上，用 190℃的烤箱烘烤約 30 分鐘。

9
從烤箱取出，在室溫下放涼。冷卻後，趁微溫的時候倒扣脫模，排放在烤盤上。

10
用刷子在表面刷上蘭姆酒（份量外），在室溫下放涼。

Gâteau Basque

巴斯克蛋糕是用濕潤麵團把果粒果醬和甜點師奶油餡包成內餡烘烤的
巴斯克傳統菓子，而這裡的巴斯克蛋糕則是以杏仁奶油餡和蘭姆葡萄
作為內餡，成為更容易保存的燒菓子。蘭姆酒的香氣遍佈整體，濕潤
的成熟風味。

Basquaise Ômi framboise

以巴斯克蛋糕為形象，用奶油含量較多的麵團烘烤酥餅，以果粒果醬作為內餡。改變果粒果醬，口味豐富的系列產品之一。把唯有當地才採購得到的近江木莓製成自家製果粒果醬，作為內餡。重視當地產銷的商品。

Gâteau Basque

巴斯克蛋糕／Maison de Petit four（メゾン ド プティ フール） 西野之朗

O 材料（5.5cm 方形×高度 2cm 的鋁盒、35 個）

【巴斯克麵團】

奶油（膏狀）…500g

糖粉…300g

鹽巴…5g

蛋黃…100g

蘭姆酒…25g

低筋麵粉（「Enchanté」
　日本製粉）…500g

【杏仁奶油餡】

奶油（膏狀）…125g

杏仁糖粉*1…250g

低筋麵粉（「Enchanté」
　日本製粉）…25g

全蛋…137.5g

蘭姆酒…18.75g

【加工】

蘭姆葡萄*2…260g

蛋黃（用水稀釋）…適量

＊1：去皮杏仁粉和純糖粉以相同比例混合攪拌。

＊2：葡萄乾用水清洗乾淨，擦乾水分，浸漬在大量的蘭姆酒裡 1 星期以上。

POINT

巴斯克麵團要用拌打器慢慢搓磨攪拌。如果打入空氣，麵團就會軟塌，使口感變差，所以要多加注意。另外，因為麵團相當軟，所以不容易　壓延展。每次作業的時候，必須勤勞的放進冷凍庫冷凍。

O 製作方法

【巴斯克麵團】

1
把奶油、糖粉、鹽巴放進攪拌盆，用低速的拌打器攪拌。

2
把蛋黃和低筋麵粉混合攪拌，分 2～3 次加入步驟 1 的攪拌盆裡攪拌。

3
把低筋麵粉全部倒進步驟 2 的攪拌盆。攪拌至粉末感消失後，用手重新攪拌，調整至均勻且沒有結塊的狀態。

4
集結成團，用塑膠膜包起來，放進冷藏庫靜置一晚。

【杏仁奶油餡】

1
把奶油、杏仁糖粉、低筋麵粉放進攪拌盆，用低速的拌打器混合攪拌。

2
充分攪拌後，分數次加入打散的全蛋攪拌。

3
加入蘭姆酒攪拌。

【最後加工】

1
用壓片機把巴斯克麵團擀壓成厚度 5mm。

2
用 35cm×25cm 的方形模壓出 2 片方形。其中 1 片從方形模上取下，另 1 片直接留在方形模裡面，分別放進冷凍庫，直到麵團變硬。

3
在鑲嵌在方形模裡的巴斯克麵團上面，倒進厚度 5mm 的杏仁奶油餡，撒上蘭姆葡萄。

4
把步驟 2 用方形模壓出的巴斯克麵團鋪在上方，放進冷凍庫，直到麵團變硬為止。

5
分切成 5cm 的方形，用刷子在表面薄塗上蛋黃液，放進鋁盒。用 180℃的熱對流烤箱烘烤 40 分鐘。

Basquaise Ômi framboise

巴斯克・近江木莓／W. Boléro（ドゥブルベ ボレロ）　渡邊雄二

○ 材料（45〜50 個）

【酥餅麵團】

發酵奶油（膏狀）…300g

白松露海鹽（細粒）…1.5g

精白砂糖*1…300g

肉桂粉…11g

蛋黃*2…90g

A*3

　低筋麵粉（「ECRTTURE」

　　日清製粉）…225g

　低筋麵粉（「Izanami」

　　近畿製粉）…150g

　中高筋麵粉（「LA TRADITION

　　FRANÇAISE」MINOTERIES

　　VIRON）…75g

蛋液…適量

【果粒果醬】

近江木莓*4…500g

冷凍覆盆子（Los Andes）…500g

果糖…240g

＊1：精白砂糖用食物調理機攪碎。

＊2：恢復至室溫。

＊3：混合過篩備用。

＊4：新鮮冷凍。

○ 製作方法

【酥餅麵團】

1

把發酵奶油、白松露海鹽、精白砂糖、肉桂粉放進攪拌盆，用低速的拌打器攪拌，一邊注意避免打入太多空氣，一邊持續攪拌至柔滑狀態。

2

在持續用低速攪拌的狀態下，把蛋黃分 2〜3 次加入，持續攪拌，直到蛋黃遍佈整體。

3

把步驟 2 的材料攤放在作業台上，加入 A 材料，用切麵刀粗略混合攪拌，避免搓揉過久。

4

把塑膠膜鋪在調理盤，倒進步驟 3 的材料，延展成厚度 1cm 的長方形。用塑膠袋緊密的包覆麵團，在冷藏庫放置一晚。

5

從塑膠袋裡面取出，放進壓片機擀壓成厚度 5mm。

6

把步驟 5 的麵團切成 5cm×3.5cm 的長方形，排放在鐵製的烤盤。用刷子塗抹蛋液，用叉子在表面刻劃出花紋。

7

放進預熱至 180℃的熱對流烤箱，溫度降成 155℃，烘烤 15 分鐘。把烤盤的前後方向對調，進一步烘烤 7 分鐘。出爐後，直接放在烤盤上，在常溫下冷卻。

【果粒果醬】

1

把冷凍的近江木莓和冷凍覆盆子放進鍋裡，塗抹上果糖，放置 30 分鐘〜1 小時。

2

覆盆子的水分釋出後，用小火不加蓋烹煮。水分收乾後，以刮掃鍋底的方式，用木杓攪拌，一邊注意避免燒焦，一邊熬煮至份量剩下 1/3 為止。

【最後加工】

趁果粒果醬溫熱的時候，塗抹 10g 在 1 片酥餅上面，再用另一片酥餅夾上。

POINT

精白砂糖粉碎之後，會呈現比糖粉略粗的狀態，使酥餅麵團產生酥脆的口感。

POINT

果粒果醬的水分如果太多，酥餅麵團會因為水分而變軟塌，如果水分揮發掉太多，果粒果醬則會變硬，就不容易塗抹在酥餅麵團上。所以要熬煮至水分幾乎收乾的程度，同時調整成適合塗抹的硬度。

Cunput

巧克力和十分對味的柑橘所組合成的蛋糕。以能夠明顯感受到巧克力濃純和柑橘強烈味道為目標，在巧克力麵團的正中央擠入新鮮柑橘、柑橘醬和柑橘甜露酒所混合成的柑橘膏。

Cake au Chocolat et Fruit noir

搭配可可含量極高的巧克力，標榜微苦風味的蛋糕。「大膽在精白砂糖溶解殘留在麵團內的狀態下送進烤箱，透過在烘烤期間溶解的方式，製作出細緻、濕潤的柔軟口感」（渡邊先生）。

Cunput

庫帕特／L'automne（ロートンヌ）　神田広達

○ 材料（24cm×8cm×高度 6cm 的磅蛋糕模型、6 個）

【巧克力麵團】

巧克力*1…470g

牛乳…565g

發酵奶油…525g

白砂糖…410g

全蛋…515g

A*2

　低筋麵粉…260g

　泡打粉…22.5g

　可可粉…95g

杏仁粉（去皮）…450g

砂糖漬橙皮（市售、切片）

　…450g

【柑橘麵團】

柑橘…160g

翻糖（市售）…50g

轉化糖漿（轉化糖）…33.3g

杏仁糖泥…400g

君度橙酒…40g

柑橘膏（市售）…20g

＊1：使用可可含量 70%的種類。

＊2：混合過篩備用。

POINT

巧克力麵團的麵團溫度如果太低，出爐後的口感就會變得乾巴巴。材料應該全部恢復至常溫。

○ 製作方法

【巧克力麵團】

1

把巧克力和牛乳放進鋼盆，一邊混合攪拌，一邊加熱至 40℃，製作甘納許。

2

把發酵奶油和白砂糖放進攪拌盆，用低速的拌打器攪拌至呈現隱約的白色。

3

把全蛋打散，分 3 次加入步驟 2 的攪拌盆裡面，每次加入就用低速確實攪拌，讓材料乳化。

4

把步驟 1 的甘納許分次加入步驟 3 的攪拌盆，用低速攪拌後，倒進鋼盆。

5

加入 A 材料和杏仁粉，用攪拌刮刀劃切攪拌至粉末感消失為止。

6

加入砂糖漬橙皮攪拌。

【柑橘麵團】

1

柑橘連同橙皮一起切成碎末。把翻糖、轉化糖漿一起放進攪拌盆，用低速的拌打器攪拌。攪拌完成後，暫時取出。

2

把杏仁糖泥、君度橙酒、柑橘膏放進攪拌盆，用低速的拌打器攪拌。

3

步驟 2 的材料攪拌完成後，加入步驟 1 的材料攪拌混合。

【最後加工】

1

巧克力麵團倒入至模型的高度 1/3 左右。

2

把柑橘麵團放入裝有圓形花嘴（口徑 20mm）的擠花袋，在步驟 1 的巧克力麵團的中央擠出一直線。

3

把剩下的巧克力麵團倒入至模型的 8 分滿，用攪拌刮刀把表面攤平。

4

用 165℃烘烤約 1 小時。出爐後，趁熱脫模，用刷子塗抹上君度橙酒（份量外）。

Cake au Chocolat et Fruit noir

無果巧克力蛋糕／W. Boléro（ドゥブルベ ボレロ） 渡邊雄二

〇 材料（14cm×5cm×高度 6cm 的磅蛋糕模型、2 個）

【洋酒漬乾果】

乾黑無花果…90g

紅酒…64.3g

果糖…32.1g

洋酒漬黑棗*1…90g

蘭姆葡萄…30g

渣釀白蘭地烈酒…20.6g

【麵團】

發酵奶油（膏狀）…115.7g

精白砂糖…115.7g

全蛋…90g

甜巧克力*2…42.4g

A*3

　低筋麵粉（「Izanami」近畿製
　　粉）…62.5g

　低筋麵粉（「ECRTTURE」日
　　清製粉）…31.2g

　中高筋麵粉（「LA TRADITION
　　FRANÇAISE」MINOTERIES
　　VIRON）…31.2g

　泡打粉…0.9g

B*4

　紅酒…25.7g

　白蘭地…1.3g

　果糖糖漿…1.6g

＊1：連同少量的黑色蘭姆酒一起製成真空包裝。
＊2：使用「P125 CŒUR DE GUANAJA」（VALRHONA／可可含量 80%）。隔水加熱溶解至 35℃。
＊3：混合過篩備用。
＊4：全部混合。

〇 製作方法

【洋酒漬乾果】

1

把乾黑無花果浸泡在熱水（份量外）裡面，泡軟至半乾程度的柔軟度。

2

把步驟 1、紅酒、果糖放進鍋裡，用小火加熱。煮沸後關火，在蓋著鍋蓋的狀態下放置 2 小時以上。

3

分別把步驟 2 的無花果和洋酒漬黑棗切成 5mm 丁狀。放進真空包裝用的塑膠袋，加入蘭姆葡萄和渣釀白蘭地烈酒，製成真空。放置一晚。

【麵團】

1

把發酵奶油和精白砂糖放進攪拌盆，用低速的拌打器攪拌。

2

精白砂糖均勻遍佈整體後，趁還沒有完全溶解的時候，把全蛋分 3 次加入，每次加入就用低速攪拌。產生光澤後，把攪拌盆從攪拌機上卸下來。

3

加入融化的巧克力，用手攪拌混合。巧克力攪拌完成後，加入洋酒漬乾果，進一步攪拌使材料遍佈整體。

4

加入 A 材料，在避免搓揉過度的情況下，用手攪拌至粉末感消失為止。

5

把奶油塗在模型上，鋪上玻璃紙，玻璃紙也塗抹上奶油（皆為份量外）。每 1 個模型倒入 300g 的步驟 4 的麵團，在中央做出一條稍微凹陷的直線凹型。在冷藏庫放置 1 小時以上。

6

放進預熱至 165℃ 的熱對流烤箱，把溫度調降成 155℃，烘烤 1 小時。

7

脫模，趁熱把 B 材料塗抹在表面。在鐵網上放涼。

POINT

把精白砂糖加進麵團之後，不要攪拌過度。如果持續攪拌至完全溶解，就會變成黏性強烈的麵團。「在精白砂糖遍佈麵團整體，還沒有完全溶解的狀態下放進烤箱，精白砂糖就會因烘烤時的熱度而溶解，進而產生柔軟的口感」（渡邊先生）。

L'automne

ロートンヌ

a：達克瓦茲（230 日圓）。使用自家製堅果糖的奶油夾心。→食譜 p.116　b：乳酪手指餅乾（230 日圓）。在麵團和鮮奶油裡面加入奶油起司的法式海綿蛋糕。→食譜 p.91　c：栗子（213 日圓）。混入大量的糖漬栗子，製作出濕潤的蛋糕。　d：將軍權杖餅乾（1 袋 380 日圓）。在佈滿大量堅果的法式海綿蛋糕麵團，夾入牛奶巧克力。麵團確實烘烤至內部，製作出輕盈口感。　e：奧麗薇（115 日圓）。在麵團裡面添加榛果霜，塞入栗子膏。　f：啊！黃豆粉（82 日圓）。加入大量黃豆粉，製作出酥鬆的輕盈口感。→食譜 p.63　g：咖啡（82 日圓）。混入咖啡香氣的酥餅。　h：開心果（82 日圓）。把開心果泥揉進麵團，再混入切碎的開心果。　i：摩納哥（139 日圓）。使用日式餅皮，增添創意的法式焦糖杏仁脆餅。→食譜 p.30　j：岩石（1 盒 850 日圓）。用白巧克力把開心果、冷凍草莓乾、黃豆米包裹起來的白色情人節限定商品。　k：庫帕特（213 日圓）。把柑橘風味的糖泥擠進巧克力麵團中央的蛋糕。→食譜 p.136

隨時留意廣受各年齡層喜愛的味道。
增加燒菓子的營業額，進一步帶動對生菓子的投注心力

　　燒菓子在本店的營業比例高達 6 成以上。燒菓子的製造時程容易制定、利潤也比較高，在經營層面上，燒菓子是相當重要的商品，商品魅力的提升更是不可欠缺的。尤其重要的工程便是烘烤。烘烤是口感和味道的最終調整作業，同時也是無法重頭來過的環節，我總是時刻思考著，該用什麼樣的溫度、時間才能烘烤出心中所想像的味道。另外，因為我喜歡濕潤烘烤的麵粉味道，所以基本上我最重視的環節就是烘烤。我會調整材料配方或製法，避免麵團變得太硬或是乾巴巴。

　　另外，製作菓子的時候，我還會經常注意一件事，那就是讓更多的年齡族群都能喜愛的味道。不管是不愛甜食的人或是喜歡甜食的人，讓每個人都可以愉快品嚐，便是我一貫的堅持，使用日式餅皮來製作法式焦糖杏仁脆餅的熱門商品「摩納哥」，就是基於此觀點所構思出來的。不僅可以省去麵團製作的時間，同時也能縮短作業時間。從提高勞動環境的觀點來看，維持品質，同時又不需要耗費太多功夫的食譜，正是需要積極推動的課題。

　　還有另外一個重點，那就是玩心。和日式餅皮『最中（Monaka）』發音相近的「摩納哥（Monaco）」便是其中一個例子。除了零售之外，還有摩納哥的拼裝禮盒，包裝就採用跑車的圖樣。這是源自於『說到摩納哥，就會聯想到賽車』的構想。在重視玩心的同時，基本的禮品包材則是採用沒有用途或贈送對象之分的簡單設計。除了禮品用的拼裝包裝之外，我們也隨時常備了 60 種左右的個別包裝的燒菓子，重視商品選購的樂趣。

　　這次的目標是進一步提高燒菓子的營業比例。利潤一旦提升，我就可以更專注於生菓子的製作。我希望藉此進一步提高店裡整體的品質。

神田広達（Kanda Koutatsu）1972 年生，東京都人。在「ら・利す帆ん（東京・大泉學園）」（關閉）修業 4 年後，為了參加比賽而經常前往法國。得獎無數。1997 從父親那裡繼承座落於東京・秋津的洋菓子店。2010 年在江古田開設中野店（2 號店）。

其他（生菓子、內用、巧克力、果凍、冰淇淋等）30～40%

銷售比例

燒菓子 60～70%

DATA
賣場面積_46 坪
內用區_6 坪
廚房面積_17 坪
製造人數_8 人
客單價_約 2500 日圓
平均客數_平日 350 人，周末、假日 500 人

SHOP DATA
中野店／東京都中野區江原町 2-30-1
☎ 03-6914-4466
營業時間_10：00～20：00
公休日_星期三

1：個別包裝的燒菓子陳列在店中央的大型桌子上面。　2：入口旁邊有季節限定的禮品商品。3：中央的桌子上有 60 種個別包裝的燒菓子。4：照片 3 的對面貨架上陳列著小禮盒和拼裝禮盒。　5：也有生菓子的冷藏展示櫃。連同夾心巧克力等一起拼裝的燒菓子。以這種方式在店裡的各處規劃禮品區，凸顯存在性。

Blondir

ブロンディール

a：熱內亞麵包（180 日圓）。把杏仁糊連同雞蛋和奶油一起打發，口感鬆軟、濕潤。→食譜 p.129　b：香檳法式海綿蛋糕（6 支，550 日圓）。篩撒上 2 次精白砂糖後烘烤。輕盈的麵團令人回味，香檳地區的傳統菓子。　c：諾內特小蛋糕（350 日圓）。以黑棗作為內餡的香料麵團，淋上佛手柑香氣濃厚的覆面糖衣。→食譜 p.97　d：水果磅蛋糕（200 日圓）。用少量的麵粉包裹櫻桃酒漬水果和堅果烘烤。e：布列塔尼酥餅（200 日圓）。　f：榛果蛋糕（200 日圓）。把焦糖化的榛果製成膏狀和粗粒加入，風味豐富。　g：南錫馬卡龍（180 日圓）。樸素的表情和杏仁的醇厚滋味別具魅力，洛林地區的傳統菓子。→食譜 p.55　h：擠花曲奇（6 個裝，300 日圓）。粗磨的杏仁香氣濃醇，特別的酥脆口感。→食譜 p.28　i：加斯科涅脆餅（180 日圓）。混入堅果碎粒，法國南西部的傳統菓子。→食譜 p.50　j：修女小蛋糕（180 日圓）。在杏仁粉裡面混入蛋白、精白砂糖、焦化成淡褐色的焦化奶油，洛林地區的傳統菓子。

重視素材本身的原始美味。
比起美麗外觀，更在乎禮品本身的需求。
選擇美味的價值觀呼朋引伴

與歷史一起被傳承下來的菓子特別具有意義，追求那個意義，真摯的製作菓子，便是我的想法。法國當地的菓子店有傳統菓子，也有創新的菓子，對當地人而言，菓子的存在就如日常一般。我希望營造出這種隨性駐足並購買 1～2 個中意的菓子，如空氣般自然存在的菓子店。

對於燒菓子，我不會特別在意禮品需求，對於簡素的菓子也不會做任何裝飾，就這樣直接排放在貨架上。比起美觀，看起來美味才是最重要的。脫氧劑會吸走難得的菓子風味，所以我不會使用。因為無法保存太久，所以我都是少量的勤勞製作，大約每 1～2 星期製作 1 次，每次大約製造 40～100 個左右。

在燒菓子製作上，最重要的事情是材料。選擇品質較好的素材，運用素材本身的風味，就能更加美味，這個道理就跟料理一樣。撇開價格較高的情況不說，我很少會去在意價格問題，通常都是使用希望實際使用看看的材料。尤其堅果、奶油、麵粉是燒菓子的味覺關鍵，所以我會依照菓子需求，準備多種特色不同的種類。例如，杏仁就有 Marcona 品種、Valencia 品種、西西里島產、美國產 4 種。油脂含量、風味和苦味感的差異，會大幅改變菓子的味道和香氣。要求強烈風味時，我會在使用之前去皮，加工成自家製杏仁膏，這也是常有的事。

烘烤是最後的關鍵，在法國菓子中，如何使水分揮發是相當重要的事情。不光只是烘烤出烤色而已，如果沒有運用素材的風味，烘烤出適當的口感，就不會產生美味。為了使內部確實加熱，金屬製模型的使用也是重點之一。

藤原和彥
（Fuziwara Kazuhiko）
1974 年生，埼玉縣人。在「Salon de The Angelina」等店任職後，前往法國。在「Au Palet D'Or」等店修業。回國後，在「Patisserie Fujita（東京・青山）」（關閉）擔任甜點主廚，於 2004 年自立門戶。2015 年搬遷至現在店址。

銷售比例

麵包 15%
燒菓子 35%
生菓子 25%
砂糖甜點、巧克力 25%

DATA
賣場面積_13 坪
廚房面積_14 坪
（＋收納空間 1.5 坪）
製造人數_1 人＋主廚
客單價_2200 日圓
平均客數_平日 40 人、周末 60～80 人

SHOP DATA
東京都練馬区石神井町 4-28-12
☎ 03-6913-2749
營業時間_10：00～20：00（六日假日～19：30）
公休日_星期三＋不定期休假

1：讓人聯想到傳統法國甜點的沉穩店內。　2：燒菓子貨架的後方設有以咖啡廳為形象的內用區（4 席）。　3：個別包裝的法式曲奇約 20 種，常溫蛋糕約 10 種。　4：禮盒的拼裝樣品、罐裝的法式曲奇陳列在燒菓子貨架的上層。　5：排放菓子的盒子前方插有卡片。拉出就能一目了然。

Pâtisserie Rechercher

パティスリー ルシェルシェ

a：香檳法式海綿蛋糕（1 盒 580 日圓）。讓傑諾瓦士麵團乾燥一晚後烘烤出爐。酥鬆的口感，簡素的味道。→食譜 p.42　b：椒香酥餅（170 日圓）。馬達加斯加產黑胡椒的刺激香氣和核桃的口感是關鍵。→食譜 p.25　c：巧克力鑽石餅（190 日圓）。在麵團裡加入粗粒的鹽巴，使可可的苦味更加明顯。　d：維也納酥餅（2 片 350 日圓）。搭配黑麥粉增添強烈風味，草莓巧克力微帶酸味的酥餅。→食譜 p.39　e：布加索特（250 日圓）。由麗緻塔改造而成。內餡是保留鮮味的紅酒煮無花果和甘納許。→食譜 p.109　f：香料麵包（300 日圓）。在麵團裡加入杏仁粉，增添濕潤感和濃郁。　g：牛角（1 盒 520 日圓）。添加麵粉的風味，帶有香草和檸檬香氣。　h：椰香巧克力（1 盒 600 日圓）。用蛋白烘烤椰子絲條，點綴上牛奶巧克力。　i：法式水果磅蛋糕（210 日圓）。添加微苦焦糖和大量香料，味道強烈的麵團，混入甜味強勁的糖漬水果　j：埃丹（1 盒 600 日圓）。起司風味濃厚的酥餅。→食譜 p.59

專注於提味，製作出別具層次感的味道。
加強 1000 日圓以下的小禮盒，
帶動簡便的禮品需求

對我來說，燒菓子就像是駄菓子（Dagashi）[※]。微甜的味道令人安心，人人都喜歡，而且可以輕易買到。話說回來，因為本店是甜點店，所以我所標榜的是符合法國甜點風格的高級美味。我尤其重視各種素材的運用表現，若要製作巧克力菓子，就使用可可含量較高的巧克力；若要使用香料的話，就確實運用香料，製作出味道的強弱層次，讓客戶可以明顯感受到各種香料的味道。另外，為製作出多層次的甜味，我會把部分精白砂糖替換成香草糖、三溫糖或初階糖等。不光是甜味，讓味道本身更有層次感也是相當重要的事情。例如，起司酥餅搭配甜椒粉、香料蛋糕搭配杏仁粉之類的方式，在配方上精心鑽研。目的就是為了製作出階段性的味道和香氣，以及起伏多元的甜味。還有另一件重要的事，那就是『咀嚼所產生出的味道』。例如「維也納酥餅」和「香檳法式海綿蛋糕」等入口即化的菓子，為了不光只是在舌尖上化開，同時還要在每次咀嚼的時候感受到麵粉的香氣及味道，而採用不同的配方和製作方法。

另外，在銷售方面，基於住宅區這樣的立地條件，所以主要著重於 600～800 日圓左右的燒菓子，以及砂糖甜點的拼裝禮盒。因為小禮盒的需求很多。不知道是不是因為本店的小禮盒商品比較充實，為了購買禮品而蒞臨本店的男性客人很多，這也是本店的特色所在。

開業時，店裡的商品項目只有 10 種左右，現在已經增加到 22 種。現在的想法是，用我個人的觀點，把過去在日本深受喜愛，宛如麩果子那樣的駄菓子，昇華成法國菓子。然後，我也會著手進行原創包材的開發，藉此促進更多的禮品需求。

※駄菓子：指能夠保存，便宜又能夠當零嘴的食物。

村田義武（Murata Yositake）
1977 年生，愛知縣人。在「なかたに亭（大阪・天王寺）」、東京和神奈川的甜點店累積長達 7 年的修業。之後再次回到「なかたに亭」擔任主廚，為期 7 年。於 2011 年自立門戶。

銷售比例

燒菓子、
砂糖甜點
40%

生菓子
60%

DATA

賣場面積_8 坪
廚房面積_10 坪
製造人數_4 人＋主廚
客單價_1900 日圓
平均客數_100 人

SHOP DATA

大阪府大阪市西区南堀江 4-5-B101
☎ 06-6535-0870
營業時間_10:00～19:00
公休日_星期二＋不定期

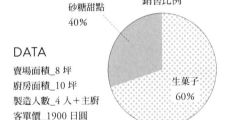

1：採光良好的賣場，入口右側設置冷藏展示櫃，左側陳列燒菓子。　2：備有 1000 日圓～5000 日圓 3 種禮盒。包材採用由店家的主題色彩灰色和粉紅色所構成的現有產品。　3：個別包裝的燒菓子約 22 種，使用透明壓克力盒和木製托盤陳列。　4：備有酥餅等 650～850 日圓的小禮品，呼應簡便的禮品需求。

Ryoura

リョウラ

a：法式薄脆餅（93 日圓）。混入酥脆的法式薄脆餅的酥餅。→食譜 p.63　b：杏仁塔（232 日圓）。以洋酒漬乾果作為內餡，裹上大量的蘭姆酒糖漿。→食譜 p.94　c：美式酥餅（93 日圓）。添加巧克力碎片和杏仁。　d：焦糖夏威夷（232 日圓）。麵團的材料幾乎和「法式杏仁脆餅（f）」相同，但因為是在不打發的情況下烘烤，所以口感格外不同。→食譜 p.51　e：水果磅蛋糕（1713 日圓）。奢侈的使用大量洋酒漬乾果。→食譜 p.100　f：法式杏仁脆餅（463 日圓）。把杏仁混進瑞士蛋白霜，以避免變形，口感酥脆。　g：迷你檸檬奶油（278 日圓）。夏季限定的檸檬蛋糕。→食譜 p.121　h：杏仁餅（260 日圓）。用披薩刀塞進雪球麵團，切成三角形。減少手溫接觸，以製作出輕盈口感。　i：紅色杏仁餅（314 日圓）。在杏仁餅上面撒上覆盆子粉，製成可愛的粉色。　j：香醋柳橙蛋糕（250 日圓）。在微苦的巧克力麵糊中，塞入用義大利香醋熬煮的糖漬柳橙。

注意親切度與創意性的均衡。
利用考量客戶動線的陳列，增加營業額

　　燒菓子最重要的首要條件就是鮮度。口感和味覺可以靠食譜的調整來解決。可是，唯有香氣，如果鮮度不足，就無法產生香氣。因此，我會以每隔 4～5 天製作常溫蛋糕、每隔 10 天製作法式曲奇的區間進行製作。為防止香氣散去，我不會使用脫氧劑。

　　然後，在商品種類的安排上，我會注意「到處都有的菓子」和「獨一無二的菓子」兩者的平衡。燒菓子只要了解理論，就能做出各種不同的變化，這正是燒菓子的醍醐味。變化的增減正是奠定店家風格的關鍵所在，所以更需要多加注意。在味道的製作上，燒菓子和生菓子一樣，在以法國菓子為基礎的同時，我會從中加點創意，製作出獨創性，並考量當地民眾是否能夠接納的親切度。例如，瑪德蓮和費南雪便是其中一例。雖然瑪德蓮的外觀維持傳統的菊形，但卻使用了自家製的杏仁糖粉，鬆軟、入口即化，同時明確主張杏仁和香草風味，製作出獨一無二的味道。另外，費南雪分別使用長方形、圓形和橢圓形 3 種模型，在表現出口感差異的另一方面，使用楓糖或焦糖等大眾熟悉的食材，使產品種類更加豐富。

　　相較於開業之初，燒菓子的商品種類約增加了 1.5 倍，目前約有 40 種種類。制式商品佔 9 成以上，而新商品每次一上架就幾乎銷售一空。尤其最受歡迎的是裝進筒形盒的法式曲奇。由於走進店裡之後，大部分的客人都是往左邊的貨架移動，所以當我注意到那個動線後，就把燒菓子移動至左邊的貨架，銷售數量也就增長更多了。在那同時，也產生了往對面的磅蛋糕貨架移動的動線，使店裡的動線變得更流暢。

　　今後我打算依照產地別去運用杏仁，把菓子製作鎖定在素材特質的運用上頭。

菅又亮輔
（Sugamata Ryousukei）
1976 年生，新潟縣人。26 歲前往法國。修業 3 年之後，歷經「Pierre' Herme Salon de The（千葉）」主廚、「D'eux Patisserie-Cafe（東京・都立大學）」（關閉）主廚甜點師，2015 年自立門戶。

銷售比例

燒菓子、果粒果醬 40%

生菓子 60%

DATA

賣場面積_10 坪
廚房面積_20 坪
製造人數_5 人＋主廚
客單價_2100 日圓
平均客數_140 人、周末與假日 180～200 人

SHOP DATA

東京都世田谷区用賀 4-29-5
グリーンヒルズ用賀 ST 1F
☎ 03-6447-9406
營業時間_11：00～19：00
公休日_不定期

1：店內採用以白色和水藍色為基調的簡單設計。中央擺放懷舊的麵包作業台，陳列個別包裝的燒菓子。　2：磅蛋糕和果粒果醬陳列在店內的右牆上。　3：中央的台上放置古董畫框，中間擺放常溫蛋糕。　4：推薦的拼裝禮盒隨附「NO.1」銘牌，藉此拉高營業額。　5：左側貨架使用店裡的主題色彩水藍色。陳列裝有法式曲奇的筒狀盒。

Éclat des jours pâtisserie

エクラデジュール パティスリー

a：芝麻（200 日圓）。大量的黑芝麻醬製作出濕潤口感。　b：虎斑蛋糕（200 日圓）。在加了巧克力碎片的費南雪麵團的正中央倒入濃醇的甘納許。　c：Éclat 瑪德蓮（200 日圓）。冠上店名的瑪德蓮。以微苦感強烈的杏仁糖泥為基底的豐富味道。　d：椰香小餅（200 日圓）。富含椰子細粉的常溫蛋糕。內餡是甘納許。→食譜 p.124　e：比利時餅乾（1 袋 400 日圓）。運用柑橘和檸檬，烘烤出酥脆口感。→食譜 p.38　f：覆盆子費南雪（200 日圓）。邊緣酥脆，內部濕潤的麵團中央是覆盆子的果粒果醬。→食譜 p.82　g：華麗薩瓦（200 日圓）。用加了榛果的法式海綿蛋糕麵團和法式甜塔皮夾上覆盆子果粒果醬。→食譜 p.112　h：檸檬酥餅（1 袋 400 日圓）。香酥的酥餅夾上檸檬的覆面糖衣。→食譜 p.18　i：醉酒櫻桃蛋糕（160 日圓）。在加了開心果的費南雪麵團裡蘊藏著杏桃的果粒果醬。上面再放上甜露洒清發酵櫻桃。　j：法式焦糖杏仁脆餅（200 日圓）。把堅果和加了綜合乾果的焦糖倒進脆餅麵團裡再烘烤。口感酥脆的法式焦糖杏仁脆

隨時準備 20 種以上的禮品商品。
以更多選擇的方便性吸引客人

　我從開業計畫中便以燒菓子的禮品需求為目標。本店位在住宅和企業混雜的地區，有許多跨世代的家族客群，另一方面也有許多商務需求。因為客群多元，所以需求也是形形色色。送禮的對象可能是朋友、上司或是賓客，用途可能是喜慶或是婚喪，關係性和場合也相當多元。因此，為了呼應各不相同的需求，店裡隨時準備 20 種各種尺寸的禮盒商品。價位幅度也相當大，設定在 500～8000 日圓之間，1000～3500 日圓的中心價格區間則是以每 500 日圓為一個層級。

　一整年當中售出數量最多的禮盒，就是本店的招牌商品——木盒裝的「Éclat 瑪德蓮」。這是讓客人對本店印象深刻的商品，同時也是銷售成績最好的商品。因此，我會把它陳列在走進店內便可看見的中央貨架。大面積的陳列範圍，為銷售帶來很不錯的成績。除此之外，還同時擺放了 5～6 種依照季節改變的禮盒。正因為準備了豐富的禮盒商品，禮盒的訂購有九成都來自於店內陳列的禮盒。

　個別包裝的燒菓子以常溫蛋糕 1 個 200 日圓、法式曲奇 1 袋 400 日圓的統一價格進行販售。因為我覺得挑選時不需要在意價格落差，金額計算以簡單的方式會比較好。雖然只是件微不足道的事，但這種讓客人更容易選購商品的巧思也相當重要。

　我認為燒菓子的美味就在於確實烘烤的麵粉味道。然後，作為味道關鍵的杏仁粉，我幾乎都是使用帶皮的種類。皮的苦味及澀味可以醞釀出味道的層次感，在外觀上也會顯露出特別的表情。不管是哪種商品，本店都是以 2 週 1 次以上的頻率烘烤製作，而暢銷的產品則是 1～3 天烘烤 1 次，趁美味的時刻銷售完畢。自開店以來，燒菓子的銷售比例一直持續成長，希望今後還能進一步的持續攀升。

中山洋平
（Nakayama Youhei）
1979 年生，東京都人。在洋菓子店及飯店任職後，在 2008 年前往法國，在上薩瓦和巴黎修業，共計 2 年。回國後，在「銀座菓樂（東京・銀座）」、「Le R Cinq（東京・京橋）」擔任主廚，於 2014 年自立門戶。

銷售比例

其他（麵包、砂糖甜點）10～20%

燒菓子 30%

生菓子 50～60%

DATA

賣場面積_12 坪
廚房面積_14 坪
製造人數_8 人＋主廚
客單價_2000 日圓
平均客數_180 人、周末與假日 250 人

SHOP DATA

東京都江東区東陽町 4-8-21 TSK 第 2 ビル 1F
☎ 03-6666-6151
營業時間_10：00～20：00
公休日_星期三＋不定期

1：店內的深處陳列生菓子，左邊是個別包裝的燒菓子，中央則是季節性禮盒。　2：中央的貨架是招牌商品「Éclat 瑪德蓮」的禮盒，隨時堆疊陳列。配置在週邊的季節性禮盒，每 2～3 個月更換 1 次。　3：個別包裝的燒菓子。下方貨架是常溫蛋糕，上方貨架則是袋裝的法式曲奇。上層中央是盒裝的 Éclat 瑪德蓮。　4：店內右邊的貨架陳列制式的禮盒商品。隨時準備 12 種。

10 家店的拼裝禮盒

只要採用拼裝販售，就可以進一步提高燒菓子的銷售比例。這裡從各家店的制式燒菓子拼裝禮盒中，挑選一整年都有絕佳銷售成績的拼裝禮盒，來介紹各店的禮盒銷售。

Maison de Petit four
メゾン ド プティフール

以店名當中的 Petit Four 來命名的拼裝禮盒，採用有著可愛插畫的鐵盒，十分受歡迎。除了內含 4 種暢銷菓子的 S 尺寸（1500 日圓，照片）之外，還有內含 9 種菓子的 M 尺寸（3000 日圓）、13 種菓子的 L 尺寸（4700 日圓）。常溫蛋糕的拼裝禮盒分別有 2000 日圓、3000 日圓和 4000 日圓的價位。小禮盒的紙箱使用和鐵盒相同的插畫，價格 1019～1700 日圓，也相當受歡迎。

Lilien Berg
リリエンベルグ

最受歡迎的是 Mix 餅（照片），聖誕節前夕和白色情人節期間最為暢銷，1 天可售出 100～150 盒。裝箱的拼裝禮盒有 6 種，價位在 2000～8000 日圓之間。另外，還有 5～6 種盒裝綁緞帶的拼裝禮盒。盒裝的價位在 2000～3000 日圓之間，金額會依拼裝內容而改變。還有 7 種燒菓子以小禮盒拼裝形式販售的禮盒，售價 1330 日圓。

Éclat des jours pâtisserie
エクラデジュール パティスリー

制式的拼裝禮盒除了 500 日圓和 900 日圓的小禮盒之外，1000～3500 日圓之間的禮盒以每 500 日圓遞增的形式販售。高價的拼裝禮盒則有 5500 日圓和 8000 日圓 2 種。最暢銷的是售價 1000 日圓的圓形拼裝禮盒（照片）。裝有 5 種常溫蛋糕，優惠價格與無禮盒販售時的價格相同。依照季節更換拼裝內容，為了促使客人反覆購買而別具巧思。

Ryoura
リョウラ

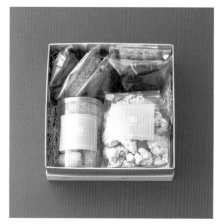

以客人自選的拼裝樣式為主。折疊盒、黏貼盒分別備有 S、M、L 3 種尺寸，顏色和設計各不相同，全部共有 11 種。多數的客人都是以商品和禮盒金額總計 2500～3500 日圓的形式購買。照片中是暢銷的 2 種法式曲奇和 5 種常溫蛋糕的拼裝，禮盒尺寸是 S（2750 日圓，含稅）。

L'atelier MOTOZO
ラトリエモトゾー

沒有制式的拼裝禮盒，但為了讓客人更容易掌握價格和份量，店內有拼裝禮盒的樣品展示。盒子有 3 種尺寸，S 尺寸（照片）大約是 2000 日圓，M 尺寸是 3000 日圓，L 尺寸的拼裝大約是 5000 日圓。3 種尺寸的盒子都是長方形。長度正好可以放進 3 個填裝菓子的圓筒盒。

La Vieille France

ラ ヴィエイユ フランス

燒菓子的拼裝禮盒有 1500 日圓、2550 日圓、3100 日圓和 5150 日圓。10 個裝，2550 日圓的拼裝禮盒（照片）是最暢銷的一款。內容每天都不同。男性客戶幾乎都會購買這種拼裝禮盒，而女性多半都是選購個別包裝再進行拼裝。除此之外，也有原創混搭的滴漏咖啡組合，或是果粒果醬組合。

W. Boléro

ドゥブルベ ボレロ

有 6 個裝 1440 日圓、9 個裝 2110 日圓、12 個裝 2800 日圓（照片）、15 個裝 3490 日圓。每一種都非常暢銷，而中元、歲末季節則以 12 個裝最為暢銷。除此之外，也有 8 種常溫蛋糕和 2 種餅乾的拼裝禮盒（3000 日圓），可挑選餅乾種類的半自訂類型也很受歡迎。餅乾禮盒（100 片裝，3000 日圓）最多月銷 500 盒。

Blondir

ブロンディール

燒菓子的拼裝禮盒備有 1200 日圓、2500 日圓、5000 日圓 3 種。最受歡迎的是 12 種裝的 2500 日圓（照片）。客人自選和店家挑選的銷售比例各佔一半。男性客人大多都是選擇店家預先準備的拼裝禮盒。也有花色小蛋糕的拼裝禮盒（6 個裝），原創禮盒裝 2300 日圓。

Pâtisserie Rechercher

パティスリー ルシェルシェ

拼裝禮盒濃縮成 1600 日圓、2000 日圓、3600 日圓 3 種。因為個別包裝的法式曲奇和常溫蛋糕共有 17 種，所以分別以 6 種、8 種、15 種進行拼裝。其中，幾乎網羅所有種類的 3600 日圓的拼裝禮盒（照片）最為暢銷。自行挑選拼裝和店家挑選拼裝的比例各一半。

L' automne

ロートンヌ

以前分別備有 2000 日圓、3000 日圓和 5000 日圓 3 種種類，當時最暢銷的種類是 3000 日圓的禮盒，最近則增加了 4000～500 日圓的價位，種類增加至 5 種，甚至還追加了 8000 日圓的種類。結果，現在以 4000～5000 日圓的種類最暢銷（照片是 4978 日圓）。「或許是因為偏愛中間價位的消費者心態，自從有了價格更高的商品後，過去的高價位商品就開始動起來了」（神田先生）。

TITLE

法式曲奇 常溫蛋糕　狂熱烘焙師的美味靈感

STAFF

ORIGINAL JAPANESE EDITION STAFF

出版	瑞昇文化事業股份有限公司	撮影	海老原俊之、安河内 聡
編著	柴田書店	デザイン	葉田いづみ
譯者	羅淑慧	編集	井上美希、笹木理恵
			瀬戸理恵子、佐藤りょうこ

總編輯	郭湘齡
文字編輯	徐承義　蔣詩綺　李冠緯
美術編輯	孫慧琪
排版	菩薩蠻電腦科技有限公司
製版	印研科技有限公司
印刷	龍岡數位文化股份有限公司

法律顧問	經兆國際法律事務所　黃沛聲律師

戶名	瑞昇文化事業股份有限公司
劃撥帳號	19598343
地址	新北市中和區景平路464巷2弄1-4號
電話	(02)2945-3191
傳真	(02)2945-3190
網址	www.rising-books.com.tw
Mail	deepblue@rising-books.com.tw

本版日期	2019年12月
定價	420元

國家圖書館出版品預行編目資料

法式曲奇 常溫蛋糕：狂熱烘焙師的美味
靈感 / 柴田書店編著；羅淑慧譯. -- 初
版. -- 新北市：瑞昇文化, 2019.06
152面；25.7 x 18.2公分
譯自：焼き菓子の売れてるパティスリ
ーのフール・セックとドゥミ・セック
ISBN 978-986-401-345-6(平裝)
1.點心食譜
427.16　　　　　　　108007653